GUIDE THÉORIQUE ET PRATIQUE

DE

LA CULTURE RATIONNELLE ET PRODUCTIVE

DES

ABEILLES

PAR

CH. ZWILLING

Président de la section d'apiculture de Strasbourg-Mundolsheim
Secrétaire général de la Société d'Apiculture d'Alsace - Lorraine et
Rédacteur du Bulletin de ladite Société.

Cinquième édition revue et augmentée.

MUNDOLSHEIM
EN DÉPOT CHEZ L'AUTEUR
—
1891
Tous droits réservés.

GUIDE THÉORIQUE ET PRATIQUE

DE

LA CULTURE RATIONNELLE ET PRODUCTIVE

DES

ABEILLES

PAR

CH. ZWILLING

Président de la section d'apiculture de Strasbourg-Mundolsheim
Secrétaire général de la Société d'Apiculture d'Alsace-Lorraine et
Rédacteur du Bulletin de ladite Société.

Cinquième édition revue et augmentée.

MUNDOLSHEIM

EN DÉPOT CHEZ L'AUTEUR

1891

PRÉFACE

Les bénéfices et les agréments que donne l'apiculture ont engagé bien des gens à se procurer des abeilles. Croyant bien faire les choses, ils ont construit des pavillons dispendieux et les ont peuplés de colonies d'abeilles qu'ils ont fait venir au poids de l'or de pays étrangers. Ils ont ensuite essayé tous les systèmes de ruches possibles et impossibles, et sont arrivés de la sorte à engager une forte mise de fonds. Aussi s'attendaient-ils, en raison des sacrifices qu'ils avaient faits, à de gros bénéfices. Mais hélas ! les ruches n'ont pas prospéré ; les abeilles sont mortes ; les beaux rêves se sont évanouis et l'apiculture a été abandonnée. A qui la faute de cet insuccès ? Les abeilles demandent des soins intelligents. L'apiculture est une profession comme toute autre. Or, combien de personnes se mettent à élever des abeilles sans même se donner la peine d'étudier les premières notions de l'apiculture et de faire un petit apprentissage. De nos jours l'occasion s'y prête de toutes manières : Des conférences, jointes à des manipulations enseignant l'art de cultiver les abeilles, sont données à profusion. Que le débutant s'instruise d'abord et il ne sera pas déçu dans son attente !

Désireux de contribuer pour notre part à une instruction à la fois théorique et pratique, basée sur plus de vingt années d'études et d'expériences, nous avons publié ce guide qui montre le chemin du succès, qui initie le novice dans la science de l'apiculture moderne et dans l'art de cultiver les abeilles avec profit et avec plaisir. Le texte est orné de gravures, qui le rendent compréhensible aux capacités les plus ordinaires. La brochure est publiée en langue française et en langue allemande.

En vente chez l'auteur et chez nos directeurs de sections.

L'AUTEUR.

PREMIÈRE PARTIE

NOTIONS GÉNÉRALES

Utilité des abeilles.

« Les abeilles sont l'avant-garde du laboureur. »
CHATEAUBRIANT.

Les abeilles sont des auxiliaires importants, indispensables même à l'horticulture et à l'agriculture. Sans elles, les fleurs des arbres fruitiers et d'une foule de plantes dont l'homme fait usage, seraient privées d'une fécondation fructifiante et avantageuse. Malheureusement il règne une grande ignorance à ce sujet, même parmi les personnes qui auraient le plus d'intérêt à propager leur culture. Pour que le fruit ou la semence soit produite, il est nécessaire que le pollen (poussière fécondante des anthères mâles), soit mis en contact avec le stigmate (extrémité spongieuse du pistil ou organe femelle). Or, il est prouvé jusqu'à l'évidence que ce sont principalement les abeilles qui colportent le pollen de fleur en fleur. On trouve à la base de chaque étamine (organe mâle) une glande qui sécrète une liqueur sucrée appelée nectar. Les abeilles sont portées à goûter cette douceur. Or, ces glandes sont protégées par des folioles (pétales) qui isolent le nectar. Par suite de la pénétration des abeilles dans la corolle, leur corps, tout velu et semblable à une brosse, entraîne le pollen hors des anthères mâles de la fleur et l'introduit dans les stigmates femelles.

Pourquoi le vent n'est-il pas apte à opérer cette fécondation? se demandera plus d'un de nos lecteurs ; pourquoi faut-il que les abeilles se chargent de la transmission du pollen? C'est afin que la fécondation spontanée des fleurs soit évitée autant que possible, et dame nature a eu soin de prendre des dispositions diverses à cet égard. La croissance des deux organes sexuels s'accomplit parfois en deux périodes ; ou bien les anthères mûrissent en premier lieu et ensuite seulement les stigmates, ou la chose se produit en sens inverse. Souvent la fécondation spontanée est empêchée par suite de la longueur inégale des anthères et des pistils. D'autres fois la semence mâle mûrit sur une plante mâle et ne peut se transmettre aux plantes femelles quelque peu éloignées que par l'entremise des abeilles. Une fécondation variée est ainsi assurée. La conséquence en est que les fruits deviennent plus vigoureux et plus beaux.

Le pollen est produit en telle quantité, qu'il y en a plus qu'il n'en faut pour la fécondation des fleurs et la nourriture des abeilles.

Mais l'utilité de l'apiculture est d'une portée plus grande encore. Outre les riches récoltes en miel et en cire, représentant une notable partie du revenu des petits agriculteurs et employés, il y a lieu d'apprécier ce qui ennoblit encore l'esprit et le cœur. Ainsi, par exemple, un employé se trouve l'esprit trop tendu à la suite d'une rude journée de travail, eh bien ! il trouvera un délassement agréable et à bon marché, dans l'intimité de sa famille, auprès de ses abeilles.

On accuse les abeilles de causer de grands dégâts aux fruits et notamment aux raisins précoces. Ce sont des accusations injustes. La science a démontré depuis longtemps que les organes buccaux des abeilles, si délicats et si tendres, ne sont nullement appropriés au percement de l'enveloppe des fruits et des raisins. On a suspendu des grappes de raisins mûrs dans des ruches contenant des essaims nus, sans aucune provision ; on a placé ces essaims dans des endroits obscurs pour les forcer à rester au logis et à se nourrir des grappes. Mais qu'est-il arrivé? Les pauvres abeilles, se trouvant dans l'impossibilité d'entamer les graines, sont mortes de faim.

Si la peau des fruits est éclatée ou avariée, ou entamée par les guêpes, les perce-oreilles, les fourmis, les moineaux, etc...., les abeilles, à défaut de miellée des fleurs, s'en approprient en partie les sucs, au détriment de la colonie ; car cette nourriture les prédispose à la dyssenterie.

Un fruit, entamé par les guêpes ou d'autres insectes, ou avarié ou éclaté, n'est plus vendable et ne peut plus être conservé. Pourquoi faire un crime aux abeilles d'y venir prendre un peu de suc? Le dégât causé, sans valeur appréciable, serait insignifiant, s'il avait lieu.

L'ABC de l'Apiculteur.

Les trois êtres d'une ruche sont : *la reine* ou *mère, les mâles et les ouvrières ou neutres.* Aucun de ces êtres ne peut exister seul.

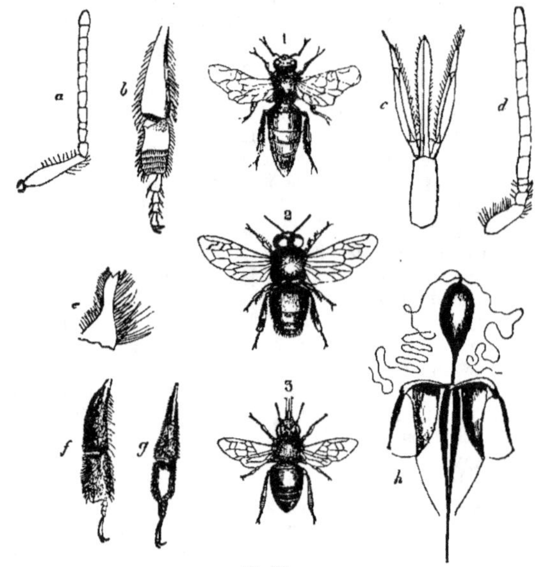

Abeilles.

1º Abeille femelle ou Reine ; 2º Abeille mâle ou faux-bourdon ; 3º Abeille neutre ou ouvrière ; *a.* Antenne de femelle ; *b.* Patte postérieure de mâle ; *c.* Langue de mâle ; *d.* Antenne de mâle ; *e.* Mandibule de mâle ; *f.* Patte postérieure de neutre ; *g.* Patte postérieure de femelle ; *h.* Aiguillon et vésicule à venin.

La reine ou *mère* (fig. 1) n'exerce aucune espèce d'autorité sur la colonie ; elle est tout simplement la mère de la ruche, l'unique femelle fécondée ayant atteint son parfait développement. Son unique occupation est de pondre les œufs, d'où naissent les mâles, les ouvrières et les reines. Elle vit ordinairement trois à quatre ans ; elle atteint rarement cinq ans. Plus elle est vigoureuse et féconde, plus la colonie prospère. *C'est l'âme de la ruche.* De cinq à sept jours après sa naissance, elle sort de la ruche, pour se faire féconder à l'air libre par un mâle. Cet acte, une fois accompli, suffit pour toute sa vie et elle ne quitte plus la ruche que lorsqu'elle est expulsée par les abeilles ou qu'elle accompagne un essaim primaire. Si elle ne peut pas être fécondée, faute de mâles ou pour une autre cause, elle pond aussi des œufs, mais rien que des œufs de mâles. C'est ce que l'on appelle *Parthénogénèse.* Au moment de l'acte de fécondation sa vessie copulatrice est remplie de plusieurs millions de spermatozoïdes. Lorsqu'elle veut pondre un œuf de femelle, elle comprime son abdomen et un sperme se détache de la vessie pour féconder l'œuf. Cet œuf produit une abeille femelle, soit une reine ou une ouvrière. Elle peut pondre plus de trois mille œufs par jour et atteint l'apogée de sa fécondité dans sa seconde année. A partir de la troisième année, cette fécondité diminue. Par une température suffisamment chaude la coque de l'œuf se brise au bout de trois jours et il en sort une petite larve. Si cette larve est nourrie avec une bouillie plus fine et plus abondante, et si la cellule est encore agrandie, il en naît une abeille qui atteint son parfait développement et qui peut devenir *mère.* Une larve qui a dépassé l'âge de quatre jours, n'est plus apte à être transformée en femelle parfaite. La reine atteint son développement complet au bout de 16 jours à partir du moment où l'œuf a été pondu. Elle a un aiguillon recourbé ; elle s'en sert uniquement contre ses rivales, et parfois lorsqu'on la presse avec violence.

Les mâles (fig. 2) qu'on appelle aussi faux-bourdons, sont plus gros que les reines. Ils atteignent leur développement complet en vingt-quatre jours. Ils n'ont pas d'aiguillon. Ils ne s'occupent pas de l'entretien de la colonie, mais consomment beaucoup. Ils naissent dans les grandes cellules à l'approche de l'essaimage qui est l'époque de l'éclosion des jeunes reines. Ce temps passé, ils sont impitoyablement chassés de la ruche par les ouvrières et périssent de faim et d'engourdissement.

Les ouvrières ou *neutres* (fig. 3) sont plus petites que les reines et les mâles. Elles sont des femelles atrophiées ; elles peuvent aussi pondre des œufs, ce qu'elles font, quand la ruche est devenue orpheline et que la colonie ne peut pas se procurer une autre mère. De ces œufs non fécondés ne naissent que des faux-bourdons et la ruche, appelée *bourdonneuse,* marche rapidement vers sa ruine. On s'aperçoit qu'une ruche est bourdonneuse, quand les œufs sont répartis irrégulièrement ; certaines cellules restent vides, d'autres possèdent plusieurs œufs ; les cellules ouvrières, contenant des nymphes, au lieu d'être plates, deviennent bombées, saillantes, parce qu'elles sont trop petites pour des mâles.

Les ouvrières sont élevées dans les petites cellules ; il faut 21 jours jusqu'à leur complet développement. Les larves qui les produisent sont nourries avec une bouillie moins fine et moins abondante que celles d'où naissent les reines. A peine sont-elles écloses qu'elles réchauffent déjà le couvain de leurs corps frêles. Au troisième jour elles fonctionnent déjà comme nourrices dans la ruche en préparant la bouillie dans leur estomac. A cet effet elles absorbent du miel, du pollen et de l'eau qu'elles mélangent avec la salive que fournissent leurs glandes salivaires. C'est à elles qu'incombe encore la tâche de construire les rayons, de récolter les provisions, de défendre la ruche et d'en diriger toute l'économie. Elles sont pourvues d'un aiguillon qu'elles emploient contre tout ennemi présumé. Cependant elles sont tout à fait inoffensives, quand elles butinent ; dans ce cas elles ne se servent de leur arme que quand elles sont sur le point d'être écrasées.

L'abdomen d'une reine.

L'abdomen d'une reine se compose de six anneaux *a b c d e f*. Ces anneaux forment la cavité abdominale dans laquelle nous voyons : .

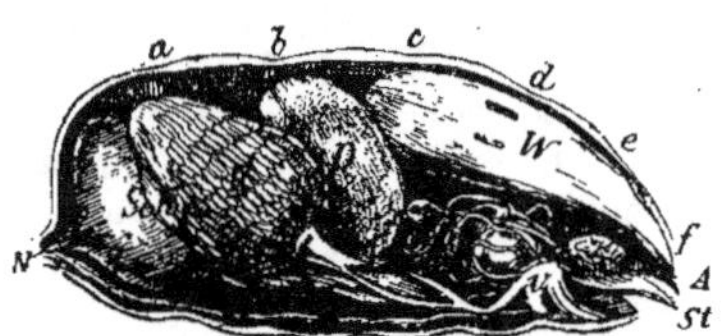

1° *Les appareils digestifs*, se composant de l'œsophage et du gésier à miel *Sch.*, de l'estomac proprement dit *D*, du gros intestin *W* et du segment de l'anus *A*.

2° *Les appareils génitaux*, se composant des deux ovaires *E* et de la bourse copulatrice.

3° *Le système nerveux*, se composant de la chaîne ventrale *N* et des ganglions abdominaux.

4° *Les appareils de l'aiguillon*, se composant de l'aiguillon *St.*, de la vésicule du venin et du conduit du venin de la glande à la vésicule.

Métamorphoses des abeilles.

Les abeilles passent par trois métamorphoses, avant d'arriver à l'état d'insecte parfait. L'œuf lui-même change de position pendant la période d'incubation. La cellule 1, à gauche de la figure ci-jointe, contient un œuf d'un jour ; il a une position perpendiculaire. La cellule 2 contient un œuf de deux jours ; il s'est déjà légèrement incliné vers le fond de la cellule. La cellule 3 contient un œuf de 3 jours ; il est couché à plat sur le fond de la cellule. Le 4° jour l'œuf éclot et il en sort une larve d'un jour, telle qu'on la voit au haut de la figure dans la cellule 1. Les autres cellules 2, 3, 4 et 5 contiennent des larves de 2, 3, 4 et 5 jours. Le sixième jour la larve se redresse et tisse son cocon.

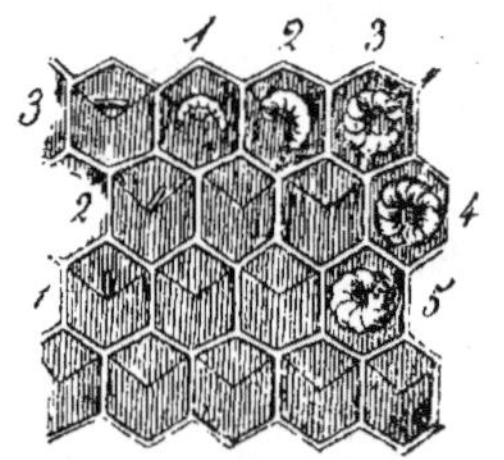

Les métamorphoses s'accomplissent comme l'indique le tableau ci-dessous :

Tableau des métamorphoses des abeilles.

	Reine. Jours.	Ouvrières. Jours.	Mâles. Jours.
1° Durée d'incubation de l'œuf	3	3	3
2° Durée de nourrissement des larves, 1re métamorphose .	5	5	6
3° Filage du cocon par les larves	1	2	3
4° Période de repos.	2	3	4
5° Transformation des larves en nymphes, 2e métamorphose	1 à 2	1	1
6° Durée de l'état des nymphes et 3e métamorphose. .	3	7	7
Total . . .	15 à 16	21	24
1° L'éclosion de l'œuf a lieu et le ver apparaît le . . .	4me	4me	4me
2° La cellule est fermée le.	9me	9mc	9me
3° L'abeille sort de la cellule à l'état d'insecte parfait le .	16me	22me	25me
4° L'abeille sort de la ruche pour prendre le vol le . . .	5ma	14me	14ms

NB. La température et différentes autres causes retardent parfois la sortie de l'insecte de la cellule.

L'économie chez les abeilles.

(F. JUNGER.)

Si nous nous rapportons à l'Écriture Sainte, il y a eu des mouches à miel dans tous les temps. Il y en avait du temps des patriarches ; il y en avait au temps du grand législateur hébreu ; il y en avait vraisemblement depuis le commencement du monde. Et leurs mœurs, leurs habitudes et leur industrie ont dû toujours être les mêmes. Autrement on serait tenté de croire que leur organisation, telle que nous la connaissons, a dû s'établir ainsi 220 ans environ avant la naissance du Christ, lorsque le grand géomètre de Syracuse (Archimède) professait que la géométrie était une règle d'économie dans son genre. — Il est douteux qu'avant on connût la solution des diverses formes géométriques, à moins que ce ne fût justement le peuple-abeille qui eût reçu dans son instinct une connaissance que les hommes sont restés bien des siècles à trouver.

L'économie chez les abeilles est à l'état de seconde nature. C'est une chose innée à leur espèce et qu'elles savent mettre à profit dans tout ce qui entre dans l'ordre de leurs travaux. Elles ne sont non-seulement économes pour tout ce qui a rapport à leur nourriture, mais en général pour tout ce qui a trait à une dépense quelconque aux dépens de la ruchée. Ainsi, pour ne citer qu'un exemple, je prends l'établissement de leurs rayons.

Pour la construction de leurs rayons, elles ont besoin de cire. Pour produire de la cire, elles consomment du miel, et plus elles consomment de miel, plus elles peuvent produire de cire. Le miel absorbé en grande quantité fait dans leur corps (tout en les nourrissant) l'effet d'un sudorifique, c'est-à-dire qu'il pousse à la transpiration et leur permet d'exsuder de la cire ; elles la recueillent ensuite avec leurs pattes, sous les trois dernières écailles de leur abdomen. On peut donc regarder la cire comme un volume de sueur condensée. Or, l'exsudation de cire affaiblit les abeilles comme tout être vivant est affaibli par de fréquentes transpirations. C'est pour cela que les productrices de cire ou cirières consomment beaucoup de miel. C'est une dépense assez notable pour une ruchée que la production de la cire ; aussi ont-elles cherché à en dépenser le moins possible. C'est pourquoi elles ont choisi la construction la plus économique, celle qui demande le moins possible de matières et qui ne donne lieu à aucune déperdition de chaleur.

Elles ont choisi entre toutes les formes géométriques celle qui leur a semblé être la plus rationnelle, la meilleure, la plus économique, c'est-à-dire l'hexagone. — D'abord, parce que c'est celle qui, pour un volume à contenir donné, demande la place la plus exiguë, ensuite parce que c'est elle qui demande aussi le moins de cire pour sa construction et qui ne donne lieu à aucune déperdition de chaleur, parce que les cellules peuvent être groupées les unes à côté des autres, sans qu'il y ait la moindre place de perdue, ce qui n'a pas lieu avec les autres formes.

Examinons maintenant les diverses formes géométriques que l'on pourrait donner à une cellule, soit la forme carrée, la triangulaire, la pentagonale, l'hexagonale et la circulaire.

La cellule hexagonale d'ouvrière telle qu'elle a été admise par le peuple-abeille a 3 millimètres de côté, 6 millimètres de diamètre, 18 millimètres de pourtour ; la superficie de base de cet hexagone est de $23^{mm},42^2$. Un décimètre carré de rayons renferme 854 cellules d'ouvrières, qui se composent comme suit :

Cellules entières	798	
44 demi-cellules, soit.	22	
38 cellules de 5/6 et 38 de 1/12 =	34 5/6	

Ensemble . . . . 854.   J'abandonne le 5/6.

Le tableau ci-après donne le côté, le pourtour et la superficie de base de chaque cellule des diverses formes géométriques qu'on pourrait leur donner, ainsi que le nombre que pourrait contenir 1 décimètre carré de rayon.

Cellules d'ouvrières	Côtés.	Pourtour.	Superficie de base.	Nombre de cellules dans 1 décimètre carré.
Hexagonale...........	3mm	18mm	23mm,42²	854
Pentagonale..........	3 7	18 5	23 42²	702
Triangulaire.........	7 33½	22 15	23 42²	854
Carrée..............	4 83	19 35	23 42²	854
Circulaire...........	Diam.: 5 46	17 15	23 42²	669

Cellules de mâles.	Côtés.	Pourtour.	Superficie de base.	Nombre de cellules dans 1 décimètre carré.
Hexagonale	4mm	24mm	41mm,70²	480
Pentagonale..........	4 9	24 5	41 70²	420
Triangulaire	9 8	29 4	41 70²	480
Carrée	6 46	25 84	41 70²	480
Circulaire...........	Diam.: 7 23	22 87	41 70²	371

D'après le tableau ci-dessus, nous voyons qu'il n'y a que les cellules carrées et triangulaires qui peuvent entrer à nombre égal de l'hexagone dans un décimètre

Cellules d'ouvrières.

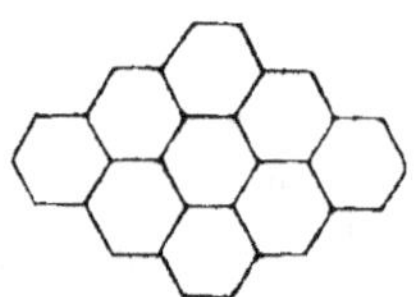

Cellules de mâles.

carré. Mais elles demanderaient davantage de cire, parce que le pourtour ou circuit de la cellule carrée d'ouvrière est de 19mm,35, celui de la cellule triangulaire de

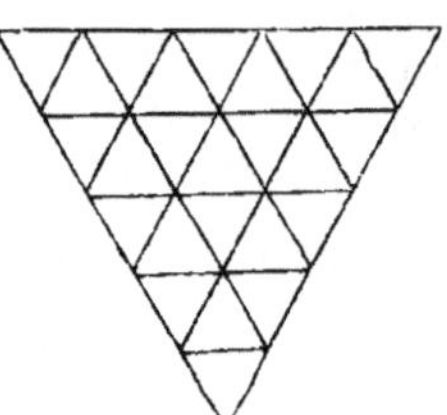

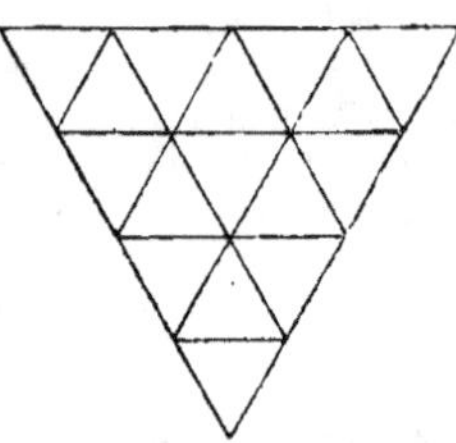

Cellules triangulaires.

22mm,15, tandis que la cellule hexagonale n'a que 18 millimètres de circuit. L'hexagone est donc la forme la plus économique sous tous les rapports. Si nous prenons

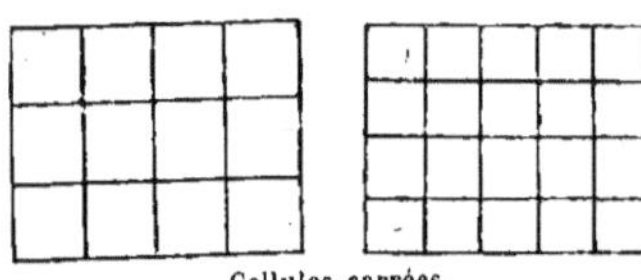

Cellules carrées.

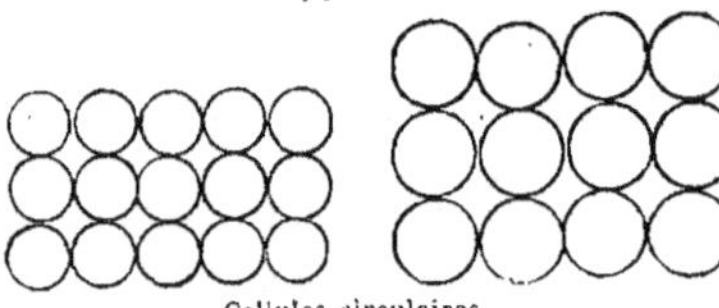

Cellules circulaires.

par exemple la cellule carrée, qui se rapproche le plus de l'hexagonale sous le rapport économique, et que nous disions : il faut, pour construire une cellule carrée, dont la superficie de base est comme celle de l'hexagone de $23^{mm},42^2$, $1^{mm},35$ de paroi de plus en circuit; sur les 854 cellules contenues dans un décimètre carré de rayon, il faudrait évidemment 854 fois $1^{mm},35$ plus de cire, ce qui nous donnerait pour un décimètre carré de cellules $854 \times 1^{mm},35 = 1152$ millimètres.

Si ensuite nous multiplions ce chiffre par le nombre de décimètres carrés de

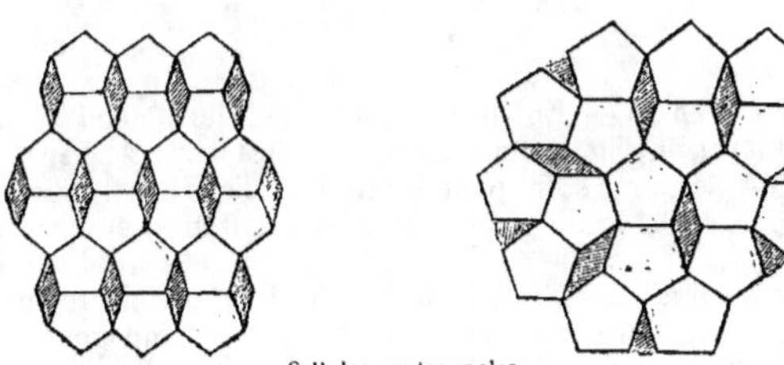
Cellules pentagonales.

rayons contenus dans une ruche, nous arrivons certainement à une dépense de cire assez conséquente. Et voilà pourquoi l'abeille, en habile géomètre, a choisi le plan hexagonal pour forme de son édifice.

Comme l'indique le tableau d'autre part, ce serait la cellule circulaire qui, isolée, demanderait moins de place et moins de cire à son érection, parce qu'elle ne demande qu'un pourtour de $17^{mm},15$; mais à cause de la place perdue entre chaque rangée de 4 cellules, il n'entrerait que 660 cellules ouvrières dans un décimètre carré de rayon, et il y aurait également 660 losanges déprimées vides, qui occasionneraient une grande déperdition de chaleur. Ce même inconvénient se présente avec toutes les formes autres que l'hexagone, le carré ou le triangle. En admettant la forme pentagonale, il y aurait, avec les 702 cellules d'ouvrières, 336 losanges en vide, ce qui également donnerait lieu à une immense déperdition de chaleur.

Principes fondamentaux de l'apiculture rationnelle et productive.

Tous les apiculteurs de renom prêchent d'une seule voix :
« Ne commencez pas l'apiculture avec de faibles essaims, mais avec deux bonnes ruches.
« N'ayez que des ruches puissantes en population.
« Supprimez l'essaimage multiple sur votre rucher.
« Réunissez les ruches et les essaims faibles.
« N'ayez que de bonnes reines dans vos ruches ; c'est d'elles que dépend la prospérité des colonies.
« N'enlevez pas trop de miel à vos abeilles ; ce serait tuer la poule pour avoir l'œuf.
« Nourrissez vos ruches et vos essaims en temps de disette ; c'est une bonne spéculation.
« Ne considérez pas les ruches à cadres mobiles comme des jouets. Les abeilles aiment la tranquillité et le repos.
« Instruisez-vous d'abord et vos plaintes cesseront.
« Le plus grand ennemi des abeilles, c'est l'apiculteur ignorant. »

DEUXIÈME PARTIE

CALENDRIER DE L'APICULTEUR

Janvier.

Tranquillité et repos. — En hiver les abeilles demandent la tranquillité et le repos. Pour cette raison l'apiculteur ne doit pas les déranger par des visites intempestives. La moindre secousse suffit pour les troubler dans leur repos et pour en exciter quelques-unes à se détacher du groupe, comme éclaireurs, et à se précipiter vers le guichet pour aller à la recherche de l'ennemi présumé. Le froid surprend ces courageuses abeilles et les fait périr d'engourdissement. De plus, chaque dérangement produit une agitation intérieure qui est immédiatement accompagnée d'une consommation exagérée de pure perte et qui remplit d'ordures les intestins des abeilles à un moment où la température ne leur permet pas de sortir pour se vider. Il veillera en outre à ce que ses ruches ne soient pas dérangées par de forts ébranlements du sol, par les oiseaux de basse-cour qui aiment à se servir des apiers ouverts comme lieu de refuge, par les rongeurs, les mésanges et surtout les pics qui, à force de becqueter contre les ruches, font affluer les abeilles vers les guichets pour les gober ensuite. Des épines de rosiers ou d'églantiers, placées sur les ruches, empêchent les chats et les rats d'y sauter et d'y établir leur gîte.

Le soleil aussi trouble les abeilles dans leur repos, quand il peut atteindre les ruches. Il les attire facilement au dehors, où la neige les éblouit et les fait tomber sur le sol pour les ensevelir ensuite dans son linceul de mort. Pour empêcher les rayons du soleil de tomber sur le guichet, on pose debout et inclinée sur la planchette d'entrée une tuile qu'on enlève aux jours de sorties et au printemps.

Abri suffisant. — Les vents glacials sont fort nuisibles aux abeilles, quand ils peuvent facilement pénétrer par les guichets et arriver jusqu'au groupe. Ces courants d'air froid mettent la température intérieure de la ruche presqu'au niveau de celle du dehors, ce qui force les abeilles à consommer beaucoup pour produire de la chaleur artificielle. A la longue cependant elles ne peuvent plus résister et meurent d'engourdissement. Ici encore des planchettes ou des tuiles, placées devant le guichet, rendent d'excellents services. Mieux valent cependant des nattes en paille ou de grosses toiles qu'on suspend devant la façade des ruches. Les populations un peu faibles doivent passer l'hiver dans une cave voûtée ou dans un autre réduit bien abrité. A défaut de l'un et l'autre, il faut loger les abeilles dans des caisses à parois doubles ou dans des ruches en paille pressée. Des caisses en bois, confectionnées trop légèrement, se déjettent facilement en hiver et ne retiennent pas la chaleur intérieure.

Précautions à prendre. — Comme le renouvellement de l'air dans les ruches est indispensable, il faut veiller à ce que les guichets ne soient pas obstrués par des cadavres d'abeilles mortes, par la neige ou la glace. Si ces obstacles se présentent, il faut les enlever aussi doucement que possible. Il peut arriver qu'une journée relativement douce de + 8 à 10 degrés Réaumur, se présente et permette aux abeilles de sortir pour se vider. Dans ce cas on répand devant le rucher des feuilles mortes ou de la paille pour empêcher les abeilles de tomber sur la neige ou sur le sol froid et humide, où elles s'engourdissent pour ne plus se relever.

Guichets. — Beaucoup d'apiculteurs commettent la faute de fermer presque complètement les guichets durant la saison rigoureuse, oubliant de la sorte que l'air est un élément nécessaire à tout être qui respire. En hiver les abeilles sont entassées les unes sur les autres et exhalent des vapeurs humides et malsaines qui, si l'air ne peut pas facilement se renouveler dans la ruche, occasionnent la moisissure des rayons et la dyssenterie. Il faut par conséquent donner toute l'ouverture du guichet aux colonies bien fortes et la rétrécir seulement de la moitié ou du quart aux populations plus ou moins faibles.

Nourrissement. — Pendant les journées de sortie il est parfois prudent de la part des apiculteurs qui n'ont pas été assez prévoyants en automne, de s'assurer si toutes les ruches sont encore suffisamment approvisionnées. Cette inspection se fait le plus vite possible sans trop déranger le groupe des abeilles. Si les vivres commencent à faire défaut, on suspend un ou deux rayons de miel operculé juste derrière le groupe et on referme rapidement, après avoir enlevé les rayons vides ou presque vides et remis les coussinets de mousse ou de coton derrière la vitre. A défaut de rayons de miel, on pétrit du bon sucre bien brillant et bien sec, pilé en farine, avec du miel chaud, de manière à en faire une pâte très épaisse. Sur 1 kg de miel, on emploie 4 kg de sucre. Le sucre est ajouté successivement à mesure que l'on pétrit. La pâte, étendue en rouleau, est placée à plat sur les porte-rayons[1]). A défaut de cette pâte, on prend tout simplement du sucre candi, dont on remplit un grand bocal (d'un litre) ou un nourrisseur (v. fig.) qu'on couvre d'un carton et qu'on renverse ensuite sur l'ouverture supérieure de la ruche. On retire le carton ; quelques morceaux de sucre candi glissent jusque sur les cadres, où se trouve le groupe des abeilles. L'humidité intérieure de la ruche fait fondre lentement le sucre candi et permet de la sorte aux abeilles de le sucer petit à petit. Quand la provision de sucre touche à sa fin, on enlève le bouchon du nourrisseur pour en ajouter encore, puis on remet le bouchon. Tant qu'il fait froid, il ne faut pas donner de nourriture liquide aux abeilles, car elles en feraient une consommation exagérée et gagneraient facilement la dyssenterie. De plus, elles se sentiraient excitées à faire des sorties intempestives et à élever du couvain dans une mesure disproportionnée avec la température qui règne. L'apiculteur prévoyant et sûr de son métier n'a pas besoin d'user de ces expédients pour préserver ses abeilles de la disette. C'est en septembre qu'il pourvoit largement ses ruches de provisions. En mars ou avril seulement, il se rend compte de l'état

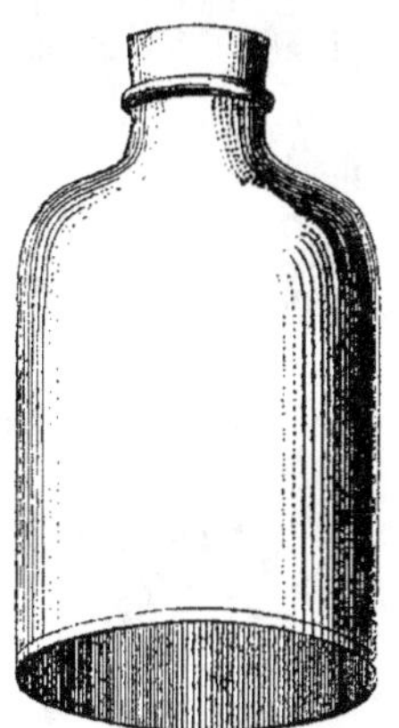

Nourrisseur sans fond pour sucre candi.

des provisions, et ses abeilles se trouvent bien d'une pareille prévoyance.

Déplacement des ruches. — Parfois l'apiculteur veut remanier son rucher, y donner d'autres places à ses ruches ou céder de ses populations à ses voisins. Il profitera de l'hiver pour faire ce déplacement, vu que les abeilles sont plus ou moins désorientées après une réclusion de 2 ou 3 mois, passée dans l'intérieur des ruches. Ce déplacement doit se faire avant la sortie générale, dont les abeilles profitent d'ordinaire pour s'orienter de nouveau. Le meilleur moment est celui qui précède une sortie. Par suite du dérangement, occasionné par le déplacement, les abeilles sont plus ou moins surexcitées et sortent en masse pour se vider et faire une reconnaissance. Elles s'habituent de suite à leur nouvelle place. Veut-on transporter les ruches dans une autre localité, à quelques kilomètres et même à plusieurs lieues de distance, il faut attendre jusqu'au moment où les abeilles ont pu se vider complètement. Autrement elles lâcheraient leurs ordures en route et se saliraient complètement, ce qui les ferait périr en masse.

---

[1]) Nous donnons cette recette à la place de celle du sucre en plaque qui se liquéfie dans la ruche, s'il n'est pas assez cuit; s'il est trop cuit, brun comme du caramel, il ne vaut non plus rien pour les abeilles. Beaucoup d'apiculteurs ont eu de mauvais résultats avec le sucre en plaque.

Février.

Repos. — D'ordinaire l'hiver continue à régner, sinon pendant tout le mois, du moins dans la première quinzaine. Il faut par conséquent laisser les abeilles dans un repos absolu aussi longtemps qu'il fait froid.

Extension du couvain. — Les fortes populations possèdent déjà du couvain. Aussi la consommation augmente-t-elle graduellement avec chaque jour. Il ne faut cependant pas stimuler, dès à présent déjà, cette activité renaissante, car les ruches précoces ne prospèrent pas toujours le mieux, et voici pourquoi :

1° Plus le nid à couvain gagne en extension, plus les abeilles se voient obligées de s'étendre sur les rayons pour le couvrir chaudement. Mais une recrudescence du froid peut survenir et forcer ensuite les abeilles à se réunir de nouveau en groupe compact et à abandonner une partie du couvain, qui, par suite de cet abandon, périt et même pourrit dans les alvéoles, ce qui peut faire naître le germe de la loque.

2° Pour préparer la bouillie administrée aux larves et pour liquéfier le miel cristallisé, les abeilles ont besoin de beaucoup d'eau; or, comme elles n'en font pas de provisions, il peut arriver, si le couvain prend trop d'extension, que les gouttes d'eau qui se forment par la condensation des vapeurs aux parois intérieures de la ruche et de la vitre, ne suffisent plus. Si le froid continue à régner et si les pourvoyeuses ne peuvent sortir pour chercher le liquide indispensable, la ruche devient anxieuse, et bientôt les abeilles se trouvent dans un état de surexcitation, qu'on peut reconnaître à leur bruissement. On a une preuve certaine de la disette d'eau : *a*) quand on remarque que le tablier est jonché de miel granulé que les abeilles ont arraché des alvéoles pour y chercher les derniers restes liquides ; *b*) quand les abeilles quittent la ruche par une température vive et même froide, qui les fait mourir d'engourdissement.

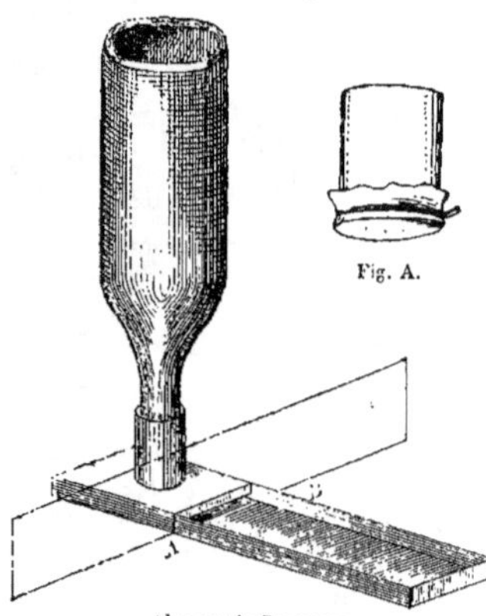

Fig. A.

Abreuvoir Parrang.

3° Quand les abeilles sont obligées de préparer beaucoup de bouillie, elles sont forcées à consommer beaucoup de miel et de pollen, ce qui peut leur causer la dyssenterie, quand elles ne peuvent pas sortir pour se vider.

Abreuvoir. — Pour éloigner la disette d'eau, on remplit jusqu'au bord un grand verre ou un bocal avec de l'eau tiède, on le ferme avec un linge et on le renverse sur l'ouverture supérieure de la ruche (v. fig. A). Les abeilles viennent immédiatement sucer l'eau à travers le tissu.

L'abreuvoir *Parrang* (v. fig.), se composant d'une petite augette en fer-blanc, que l'on glisse sous la vitre de la ruche, et d'une bouteille ordinaire remplie d'eau tiède, rend également de bons services, quand la température permet aux abeilles de descendre sur le tablier.

Pour sauver autant que possible la vie aux pourvoyeuses qui se hasardent dehors, quand la température est encore inconstante, on établit, à proximité du rucher, dans un endroit bien abrité contre les vents et bien exposé au soleil, un petit abreuvoir, en prenant une écuelle ou un plat en terre cuite qu'on remplit de temps en temps de mousse fraîche et d'eau légèrement salée. Les abeilles s'habituent facilement à cet abreuvoir, surtout quand on y verse le premier jour quelques gouttes de miel. Des milliers de pourvoyeuses, qui se seraient noyées au bord des ruisseaux, ou dans les rigoles inondées, etc., sont sauvées de la sorte et reviennent saines et sauves dans leurs pénates.

Une abeille au printemps en vaut 10 en été. Ce sont les premières abeilles qui produisent les forts essaims.

Sorties générales. — Souvent la seconde quinzaine de février amène des journées tièdes avec une température de + 8 à 10 degrés R. et avec un ciel serein. Les abeilles en profitent pour faire des sorties générales, pendant lesquelles elles se débarrassent de leurs excréments. S'il y a des ruches qui négligent de faire cette sortie, il faut les exciter, soit en donnant de la main quelques coups secs à leur habitation et en y soufflant de l'air chaud par le guichet, soit en versant quelques gouttes de sirop par l'ouverture du haut dans leur quartier d'hiver.

Nettoyage des tabliers et réunions des ruches orphelines. — Après la sortie générale, on enlève du tablier les abeilles mortes, les paillettes de cire et les ordures qui le jonchent. Y découvre-t-on des cadavres de jeunes nymphes d'ouvrières, on peut être certain que la ruche possède une mère. Remarque-t-on au contraire qu'une ruche, après une sortie générale, ne veut longtemps pas se calmer, elle est suspecte d'être orpheline, et il faut la noter comme telle pour l'examiner minutieusement à un moment plus favorable. Inutile de donner, à cette époque de l'année, du couvain à une ruche orpheline pour la mettre à même de se procurer une jeune reine, vu que celle-ci ne peut être fécondée, les mâles n'apparaissant que fin avril ou commencement de mai. Le meilleur parti à prendre dans ce cas, c'est de réunir la ruche orpheline à une ruche faible, ayant une bonne mère, ou à une ruche de réserve. A cet effet, on enlève *le soir* la vitre de la ruche faible, avec un ou deux rayons, jusqu'au siège des abeilles, pour suspendre à leur place les rayons avec les abeilles de la ruche orpheline. Pour éviter tout combat entre les abeilles des deux ruches, on les asperge légèrement d'eau sucrée et aromatisée au moyen d'une ou de deux gouttes d'eau de menthe ou de mélisse. Ou mieux encore on les naphtalinise tout simplement (v. page 59).

Révision superficielle. — Après les sorties de février, il ne faut pas encore démonter les ruches et séparer les cadres pour examiner le tout à fond. Beaucoup d'apiculteurs ont fait l'expérience qu'à la suite de ces visites trop hâtives les mères sont souvent attaquées et tuées par leurs propres abeilles. Un coup d'œil suffit pour s'assurer si la ruche a besoin d'être pourvue de provisions ou non.

Établissement d'un rucher. — Quand on veut établir un rucher, on choisit un emplacement qui se trouve, autant que possible, à l'abri des tempêtes et surtout des courants d'air. Il faut bien se garder de choisir un endroit où, même pendant les journées chaudes et calmes, on sent un courant d'air frais, car les abeilles n'y prospèreront pas. La direction la plus favorable au vol c'est le sud ou l'est, il faut abriter en été les ruches contre les rayons ardents du soleil (v. le chapitre « De la construction d'un rucher »).

Conditions d'une ruche normale. — Vers la fin de ce mois, les abeilles ont à peu près passé les risques de l'hiver, et on peut, dès à présent, faire l'acquisition de ruches. Le débutant doit commencer avec deux bonnes ruches.

Les conditions d'une bonne ruche sont les suivantes : 1° une jeune mère bien féconde ; 2° une forte population ; 3° une provision suffisante de miel ; 4° des bâtisses jeunes, de couleur brunâtre ou jaunâtre.

a) Une ruche sans mère n'est d'aucune valeur pour un commençant. Une ruche possédant une mère qui a dépassé 3 ans, peut facilement la perdre, ou bien sa population diminuera avec la fécondité de la reine.

b) Une ruche est bien peuplée si, en l'ouvrant, les abeilles débordent de tous côtés et si, en donnant un coup sec sur la paroi extérieure, les abeilles répondent par un bruissement bien prononcé.

c) Plus une ruche est bien approvisionnée au printemps (12 livres de miel au moins), plus elle aura de population.

Au printemps le miel fournit des abeilles, et en été les abeilles fournissent du miel, dit avec raison un vieil adage.

d) Si les rayons sont bien noirs sur toute leur surface, ils sont vieux. Plus ils sont transparents, plus ils sont jeunes.

Coût d'une ruche normale. — Les débutants achètent de préférence des ruches *à bon marché.* Notre honorable président, *M. Bastian*, dit à ce sujet : « Un débutant ne doit pas accepter, *même gratis*, une ruche faible. »

Voici l'estimation d'une bonne ruche à cadres mobiles :

Caisse vide à 12 cadres, valeur	8 francs.
12 rayons garnis de jeune cire, id. . . .	12 »
12 livres de miel, id.	12 »
Essaim avec une bonne reine, id. . . .	15 »
Total. . .	47 francs.

Les apiculteurs cependant demandent rarement la valeur réelle ; ils cèdent leurs ruches à 30 et 40 fr. pièce.

Une ruche à panier contient à peine assez de cire pour garnir six rayons, et sa population est bien moindre. Que les débutants fassent à présent eux-mêmes l'estimation du prix qu'ils ont à payer pour une ruche à panier, et ils trouveront qu'ils achètent à meilleur marché en payant une bonne ruche à système mobile 30 à 40 fr., qu'en prenant des ruches à panier de 15 à 25 fr. pièce.

Mars.

Propreté des ruches. — Plus les rayons du soleil gagnent en force, plus les abeilles deviennent actives dans la ruche même. Elles s'étendent petit à petit sur tous les rayons pour y enlever les cadavres d'abeilles, mortes durant l'hiver dans les alvéoles, et pour les nettoyer des moisissures et des paillettes de cire détériorée. Elles font tomber ces ordures sur le tablier pour les porter ensuite dehors. Ce travail est peu pénible pour les ruches populeuses ; mais il n'en est pas de même pour les ruches faibles. L'apiculteur soigneux enlève de temps en temps ces ordures à l'aide d'un racloir et d'une plume d'oie, qu'il glisse sous la porte vitrée de la ruche. Cet

Racloir.

Tenaille à rayons.

Fourche à rayons.

entretien de propreté ne dérange en rien les abeilles et prive la fausse-teigne d'un refuge qu'elle trouve dans la cire émiettée qui jonche le tablier des ruches mal soignées.

Couvertures et coussinets. — La chaleur contribue puissamment au développement du couvain qui ne peut prospérer que si la température intérieure de la ruche indique 25 à 30 degrés de chaleur. Il serait donc insensé d'enlever les couvertures et les coussinets en mars déjà, durant lequel il règne souvent une température froide et capricieuse, d'autant plus que les ruches devenues faibles en population, durant l'hiver, ont plus besoin que jamais d'être tenues bien chaudement.

Agrandissement graduel de la chambre à couvain. — Aussi longtemps que les abeilles ont suffisamment de nourriture et de place, il faut se garder d'agrandir la chambre à couvain. Ce serait leur rendre un bien mauvais service en leur suspendant, dès à présent déjà, un ou deux rayons vides entre les plaques de couvain, dans l'intention d'exciter la reine à une ponte plus active. Cette opération peut se faire plus tard, quand la température est plus chaude ; en mars ce serait une fausse manœuvre qui pourrait occasionner le refroidissement du couvain.

Rayons artificiels. — Il va sans dire qu'on ne doit pas non plus suspendre des rayons artificiels dans le nid à couvain pour forcer, ce mois-ci déjà, les abeilles à en achever les bâtisses. Aussi longtemps que la nature ne leur fournit pas une bonne pâture ou, pour mieux dire, des matériaux de construction, les abeilles n'entament pas les rayons artificiels pour en achever les cellules, à moins que l'apiculteur ne les y pousse par un nourrissement spéculatif.

Rayons à grandes cellules. — Les rayons à grandes cellules qu'on a laissés dans la ruche, à la révision d'automne, parce qu'ils étaient garnis de miel, sont tous soigneusement enlevés de la chambre à couvain au fur et à mesure qu'ils sont vidés. C'est le procédé le plus rationnel et le plus simple pour empêcher la naissance de mâles superflus. Y a-t-il des rayons mixtes, c'est-à-dire qui se composent en partie d'alvéoles d'ouvrières et en partie d'alvéoles de mâles, on en coupe les parties à grandes cellules qu'on remplace par des morceaux de petites cellules. En laissant aux abeilles le soin de remplir elles-mêmes ces vides, elles n'y reconstruiront que des cellules de mâles, guidées par leur instinct qui les pousse au printemps à procurer à la ruche beaucoup de mâles pour la fécondation des jeunes reines qui vont naître au moment de l'essaimage.

Les mouchiers coupent et enlèvent à leurs paniers, à la révision de printemps, la moitié des bâtisses, sinon plus encore, soit pour stimuler, à leur avis, l'activité des abeilles, soit pour récolter quelques livres de cire. Il va sans dire que c'est là une fausse spéculation ; car, quand le mois de juin arrive, les paniers qui ont été ainsi mutilés sont peuplés d'une masse de mâles qui font bombance durant la belle saison, sans rien fournir à leur maître. Les ruches rapportent trois fois plus, si on renonce à cette taille insensée des bâtisses, et si on enlève soigneusement les rayons de mâles pour les remplacer de suite par des rayons d'ouvrières, vu que de la sorte on obtient, au lieu d'une armée de mâles inutiles, des ouvrières qui butinent activement. Deux mâles coûtent autant à élever que 3 ouvrières.

Nourrissage forcé. — Les débutants, malgré les conseils qu'on leur donne, ont la mauvaise habitude d'hiverner des ruches qui ne sont pas suffisamment approvisionnées. Aussi se voient-ils obligés de recourir au nourrissage forcé, en hiver déjà, et jusqu'à la floraison qui tarde souvent à venir. Comme ils nourrissent journellement en petites portions, leurs abeilles, constamment surexcitées, quittent les ruches par tous les temps et périssent au grand air. Au lieu d'augmenter en population, leurs colonies s'affaiblissent sans cesse et se trouvent bientôt

Nourrisseur avec passoire en fer-blanc.

dans un état désespéré. Ce mode d'alimentation par petites portions se fait en pure perte et au détriment des colonies. Mieux vaut nourrir les ruches avec des rayons de miel ou avec des nourrisseurs contenant 1 ou 2 litres de sirop qu'on remplit tous les quinze jours et que les fortes populations vident en une nuit, surtout quand le sirop leur est donné bien tiède et que le suçoir du nourrisseur repose sur l'ouverture supérieure de la ruche.

Un autre mode de nourrissement consiste à remplir les alvéoles de rayons vides avec du sirop de sucre à l'aide d'un bassin (v. fig.). On suspend dans ce bassin un ou deux rayons, et même trois ou quatre, selon sa grandeur; on y verse ensuite, à l'aide d'un entonnoir à goulot fort étroit, le liquide qui pénètre tout lentement dans les alvéoles et permet de la sorte à l'air d'en échapper.

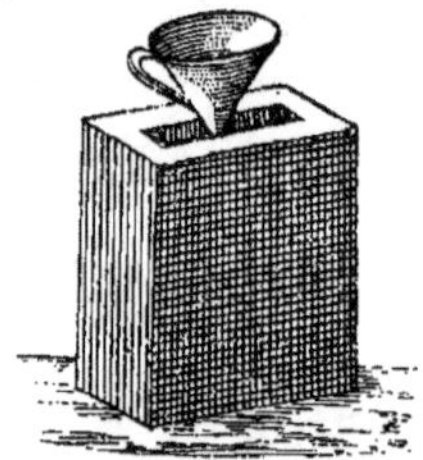

Bassin.

Le *sucre de fécule* ne vaut absolument rien pour le nourrissement des abeilles, à cause de l'acide sulfurique qu'il contient et qui les tue. Les miels américains, dits miels de barils, qui proviennent très souvent de ruches loqueuses, peuvent devenir plus nuisibles encore. M. Dzierzon a perdu, il y a quelques années, des centaines de ruches devenues loqueuses avec du miel de provenance américaine.

Pillage. — Dès que les abeilles sont attirées hors de leur ruche par le soleil printanier, elles vont à la recherche des sources de miel. Quand la nature ne peut pas encore leur en offrir, elles rôdent autour des ruches d'autrui pour y piller le miel de leurs sœurs. Elles arrivent à le faire facilement, quand les guichets sont trop ouverts. Pour cette raison il faut rétrécir ces derniers et fermer les fentes et les ouvertures qui peuvent se trouver aux ruches, afin d'empêcher les pillardes d'y pénétrer. Pour les attirer le moins possible, il ne faut nourrir les ruches qu'à *la nuit tombante* et faire disparaître le matin, avant la sortie des butineuses, toute trace de miel ou de sirop se trouvant sur les ruches ou à leur proximité. A cette époque de l'année, où les abeilles sont portées au pillage, il faut bien se garder de placer des rayons de miel au soleil, parce que l'odeur du miel attirerait immédiatement des pillardes.

Il y a des personnes qui croient qu'en nourrissant les abeilles avec du miel mélangé de spiritueux et autres, on peut les dresser de manière à ce qu'elles pillent les ruches du voisinage. C'est une erreur. L'apiculteur qui n'a que de fortes et de bonnes ruches sur son apier, et qui évite tout ce qui peut attirer les rôdeuses, n'aura rien à risquer de ces abeilles *dressées au pillage*, à moins qu'un voisin malveillant ne vienne, à son insu, lui verser des gouttes de miel sur son rucher, pour provoquer le pillage et le mettre en train.

Moyens de reconnaître le pillage. — Quand le matin ou le soir il y a un grand va-et-vient dans une ruche, tandis que les autres sont encore tranquilles, on est sûr que la ruche pille ou est pillée. Pour s'assurer qu'une ruche est pillée, on n'a qu'à saisir par les ailes quelques abeilles qui en sortent et à les presser sur l'ongle du pouce. Si elles rendent une grosse goutte de miel jaune, on est sûr qu'on a affaire à des voleuses. Les débutants qui ne savent pas faire cette petite opération n'ont qu'à séparer l'abdomen du corselet; s'ils trouvent que l'abdomen est rempli de miel, ils sont en présence du pillage. Pour découvrir la ruche qui pille, on n'a qu'à saupoudrer de farine de blé ou de craie les abeilles qui sortent de la ruche pillée, puis à se mettre en observation devant les ruches que l'on soupçonne d'abriter les pillardes. Dès que les abeilles poudrées se présentent avec d'autres toutes gorgées de miel devant le guichet d'une ruche et qu'elles y entrent sans gêne, on a découvert la ruche des voleuses.

Moyens de faire cesser le pillage. — Dès que l'on a découvert le pillage, il faut songer aux moyens de le faire cesser. Quand la ruche qui pille et celle qui est pillée appartiennent au même propriétaire, celui-ci n'a qu'à les permuter ensemble et le pillage cessera aussitôt. Si par contre la ruche est pillée par une colonie étrangère, il faut la séquestrer pendant quelques jours dans un endroit bien obscur, puis imprégner d'eau de goudron ou de phénol les guichets des ruches voisines et en rétrécir l'entrée. Ou bien encore, il faut placer dans les ruches pillées un morceau de naphtaline, pour leur donner une odeur prononcée, ce qui leur permet de mieux distinguer les pillardes, qui n'ont pas cette odeur. En négligeant ces mesures préventives, on risque de voir les pillardes se jeter sur ces ruches pour les piller à leur tour.

En général, on fait bien de fermer en partie les guichets aux époques où les abeilles sont à la recherche de la miellée avant que la nature ne leur en offre.

Fermeture de guichets.

Alimentation spéculative. — Pour activer la ponte de la reine et l'élevage du couvain, on nourrit les ruches par petites doses de sirop ou de miel qu'on leur donne le soir. Ce nourrissage doit être appliqué avec beaucoup de circonspection; autrement il produit plus de mal que de bien. Ce ne sont que les ruches fortes et encore bien pourvues de provisions qui prospèrent par le nourrissage spéculatif. Les ruches faibles au contraire en souffrent et même en sont ruinées, parce que leurs butineuses, peu nombreuses encore, sont induites en erreur par une nourriture simulant une récolte, et sortent par les temps froids pour ne plus rentrer. A quoi sert à la ruche d'élever plus de couvain qu'elle ne l'aurait fait spontanément, si les couveuses ou plutôt les nourrices lui font défaut pour le soigner et le mener à bonne fin?

L'alimentation spéculative consiste encore à suspendre dans une caisse vide, près de l'abreuvoir des abeilles, un ou deux rayons à grandes cellules, que l'on bourre journellement de farine de seigle, de froment ou de féverole, et que les butineuses cherchent avidement, quand le pollen des noisetiers, des saules, des violettes, etc., leur fait défaut.

Destruction des guêpes. — Tout le monde sait que les guêpes sont les ennemies des abeilles; non seulement elles saisissent et dévorent les butineuses fatiguées qui ne peuvent plus se relever de terre, mais aussi elles volent le miel aux ruches à toute occasion. En détruisant les guêpes qu'on rencontre aux mois de mars et d'avril, on détruit autant de guêpiers, parce qu'elles sont toutes des femelles fécondées, capables de produire chacune à elle seule un guêpier.

Pour détruire les guêpiers, on n'a qu'à verser dans le trou de sortie, du goudron dans lequel les butineuses s'empêtrent l'une après l'autre. Le guêpier manquera bientôt de pourvoyeuses et succombera.

Avril.

Activité et consommation. — Pendant le mois d'avril l'activité des ruches doit augmenter avec chaque jour; la ponte doit prendre un grand développement et le couvain doit devenir bien abondant. Ceci arrive quand les colonies se sentent dans l'opulence. Tous les apiculteurs ne sont pas de cet avis. Il y en a qui s'imaginent que l'abondance rend les abeilles paresseuses et que l'indigence les pousse à une activité fiévreuse. De là le dépouillement qu'ils font subir à leurs ruches à la révision de printemps. Il ne leur suffit pas d'enlever le quart et même le tiers des bâtisses, ils réduisent les provisions au-dessous du nécessaire. Mais malheur à eux! Chaque fois que le mois d'avril est pluvieux et froid, leurs colonies sont décimées par la disette, et souvent il arrive que la faim pousse les nourrices à reprendre aux larves la bouillie qu'elles leur avaient donnée, pour assurer leur propre existence, ou à arracher les nymphes des cellules pour empêcher un surcroît de population, qui ne ferait qu'augmenter l'indigence. Les ruches qui ont dû passer par cette crise, sont affaiblies pour longtemps, sinon ruinées pour toute la saison.

La libéralité de l'apiculteur au contraire rend les abeilles alertes et actives, et les encourage au point qu'elles vont attaquer des ruches orphelines ou faibles pour les piller de fond en comble.

Récoltes précoces et alimentation spéculative. — Dans certains cantons les abeilles peuvent butiner en avril sur l'érable, le frêne élevé, l'abricotier, le pêcher, le prunellier, sur le myrtille, la pervenche, la primevère, la renoncule, sur les arbres fruitiers et sur le colza. Dans ces conditions, c'est la nature qui offre l'abondance et les colonies se déve'oppent à vue d'œil. Mais à côté de ces cantons privi'égiés, il y a des contrées qui sont privées de la flore printanière et qui n'offrent de ressources mellifères que bien plus tard. Dans ces pays l'apiculteur a l'avantage que ces colonies, quoique faibles au printemps, peuvent arriver à un développement complet jusqu'au moment des grandes miellées. Elles y arriveront sûrement si, à côté de provisions suffisantes qu'elles doivent posséder dans la ruche, il donne à chaque colonie, tous les huit jours, un demi-litre de miel bien liquéfié ou du sirop de sucre bien limpide. L'apiculteur qui veut exploiter la flore précoce, surtout celle du colza, est obligé de se procurer des ruches puissantes en population, dès la sortie de l'hiver. A cet effet il a déjà réuni en automne et réunit encore au printemps les colonies faibles et orphelines; il n'agrandit que graduellement le nid à couvain et le tient toujours bien chaud; il donne en sus une nourriture stimulante à ses fortes ruches pendant les quinze à vingt jours qui précèdent la récolte printanière. Cette nourriture est donnée tout d'abord à petites doses, deux ou trois cuillerées, qu'on augmente graduellement.

Essaims de Pâques. — Chez les apiculteurs négligents on peut voir parfois, aux approches de Pâques, des émigrations de colonies entières qui quittent leurs ruches pour s'établir ailleurs. D'ordinaire c'est la faim qui pousse ces colonies à se mettre en quête d'un patron plus généreux. Parfois aussi c'est la puanteur provenant de la dyssenterie qui porte les abeilles à trouver ailleurs un logis plus propre. Malheureusement elles ne trouvent pas toujours un bon accueil en se présentant chez d'autres colonies pour leur demander l'hospitalité. Il arrive parfois que toutes les déserteuses sont mises à mort par leurs sœurs irritées d'une invasion inattendue. D'autres fois elles trouvent une réception des plus amicales. Dans ce cas elles se sont présentées à une ruche qui a exercé le pillage latent chez elles, et qui les a appauvries au point qu'elles ont pris le parti de faire cause commune avec les voleuses. Ces essaims peuvent être recueillis comme des essaims naturels. Le mieux c'est de les réunir, à la nuit tombante, à des colonies faibles. Il va sans dire que les mères défectueuses sont tuées et que les meilleures sont conservées pour les ruches réunies.

Pillage latent. — Il y a des ruchers qui sont construits de manière à ce que les populations des ruches, voisines l'une de l'autre, peuvent facilement communiquer ensemble. Dans ce cas il n'est pas rare de trouver des ruches faibles qui sont pillées, pour ainsi dire à leur insu, par des ruches fortes. Les maraudeuses y entrent avec la même assurance que si c'étaient leurs propres ruches. Elles ne s'y présentent pas en masse, mais isolément; la sentinelle ne s'oppose pas à leur maraudage, ce qui trompe facilement le novice. Pour s'assurer s'il y a pillage latent, il examinera, comme nous l'avons indiqué pour le pillage actif (voir le *mois de mars*), les abeilles qui quittent la ruche. En les pressant sur l'ongle du pouce, elles dégorgeront aussitôt le miel volé. Pour débarrasser une ruche ainsi pillée de ses voleuses, on lui donne le soir un rayon de couvain mûr (sans les abeilles), afin de procurer du renfort à sa population, et on la dépose dans un endroit sombre pour ne la remettre sur place qu'une dizaine de jours après, vers midi, lorsque les gardiennes sont à leur poste pour prendre la défensive contre des maraudeuses qui ne manqueront pas de se présenter de nouveau. Toute communication qui existe sur le rucher entre deux ruches voisines, doit être interceptée extérieurement et intérieurement à l'aide de planchettes et de chiffons.

Ruches orphelines. — Il arrive parfois qu'en avril une ruche perd sa mère. Aussitôt les abeilles se mettent en devoir d'en élever une autre, si elles ont du couvain jeune, non operculé, à leur disposition. La jeune reine naîtra du douzième au seizième jour. Elle fera son vol nuptial le septième jour, si le temps ne s'y oppose pas. Au cas contraire, la fécondation est souvent retardée jusqu'au vingtième jour. Deux ou trois jours après elle commence la ponte. Les jeunes abeilles, provenant de cette ponte, naîtront le vingt-unième jour et iront butiner à l'âge de 14 jours seulement. En additionnant nous arrivons à deux mois entiers depuis l'élevage de la reine jusqu'au moment où ses enfants vont butiner. Pendant ce temps la colonie a périclité au point qu'elle n'a presque plus de population. Il aurait donc mieux valu réunir cette ruche à sa voisine ou lui procurer de suite une mère de réserve.

Réunion des populations faibles. — Dans les cantons qui offrent des flores précoces et de grandes miellées en avril déjà, l'apiculteur a tout intérêt, avons-nous dit, à réunir les ruches faibles. Cette réunion est des plus simples. On

<table>
<tr><td>Pulvérisateur ordinaire.</td><td>Pulvérisateur Alexandra.</td></tr>
</table>

met pendant deux jours un peu de musc, enveloppé dans un petit papier, ou mieux encore un morceau de naphtaline gros comme un doigt dans chacune des deux ruches à réunir. On profite ensuite de la première belle journée pour balayer sur l'herbe les abeilles de la ruche à supprimer. Les abeilles se relèvent et, ne trouvant pas leur ruche, vont entrer dans la ruche voisine qui les accueille sans difficulté, parce qu'elles ont la même odeur. Les rayons à couvain sont suspendus au milieu de la ruche. La réunion peut aussi se faire de la manière suivante : vers le soir on asperge, à l'aide d'un pulvérisateur (v. fig.) ou d'une brosse, les abeilles des deux ruches à réunir, avec de l'eau sucrée, légèrement aromatisée d'une ou de deux gouttes d'essence de menthe ou de mélisse. On suspend ensuite les rayons avec les abeilles dans la ruche voisine qui doit les recevoir, et on ferme. Ou bien on balaie les abeilles aspergées d'eau sucrée et aromatisée dans la ruche voisine par le haut ou par derrière, en ouvrant une partie du couvercle ou la portière. Il va sans dire que, dans les deux cas, la reine la plus défectueuse est supprimée (v. le chapitre sur la réunion avec le salpêtre ou la vesse de loup, page 69).

Égalisation des populations avec des rayons à couvain. — Dans les contrées qui ne produisent que des miellées d'été, on ne supprime pas au printemps les ruches devenues faibles par la dyssenterie ou par une autre cause, si elles possèdent encore une bonne reine. On leur procure du renfort à l'aide de rayons de couvain mûr. Tout d'abord on ne donne à la ruche faible qu'un seul rayon (sans les abeilles) dont la plaque de couvain ne dépasse pas la moitié du cadre. Ce rayon est suspendu au milieu du groupe des abeilles. Quelques jours plus tard, quand ce couvain est éclos, on lui donne, d'une autre forte ruche, un rayon qui a du couvain mûr jusqu'aux deux tiers du cadre. Les abeilles qui s'y trouvent, sont balayées et rendues à leur ruche. En procédant de cette manière, les ruches faibles reçoivent du renfort en peu de temps et reprennent de la vigueur et de l'animation. En naphtalinisant la ruche à renforcer et celle qui fournit le couvain, on n'a pas besoin de balayer les abeilles, vu que les deux ruches ont la même odeur.

Magasin à miel et cloisons perforées. — Les débutants commettent bien souvent la faute de hausser les ruches et d'ouvrir les magasins à miel dès le commencement du printemps, avant même que la première grande miellée ne donne. C'est une fausse manœuvre qui ne sert qu'à enlever à la ruche la chaleur, cet agent indispensable au développement du couvain. Il faut adopter pour règle de laisser arriver les abeilles jusqu'au dixième rayon et de ne placer la cloison perforée

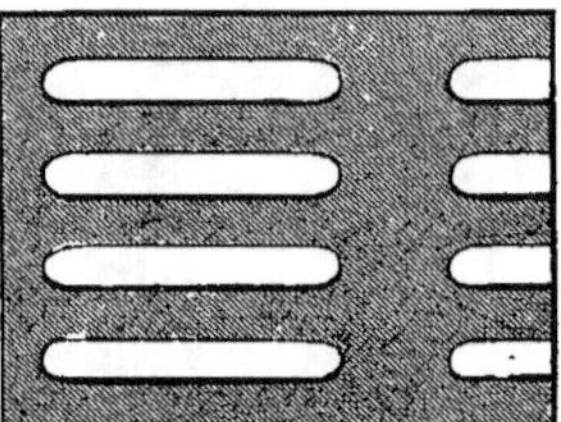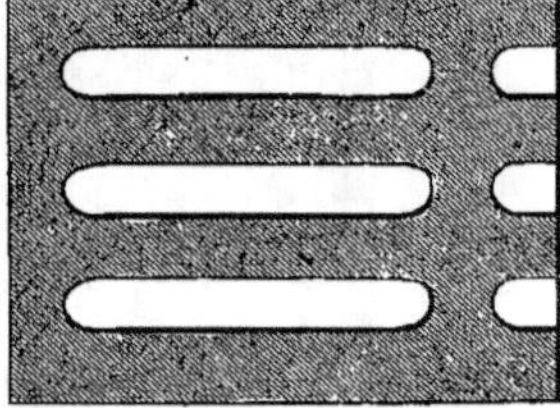

Cloisons en tôle perforée.

derrière lui, que quand il est en partie rempli de miel. On procure aux butineuses, souvent embarrassées pour repasser par la cloison perforée, une issue commode, en posant la cloison de manière à ce qu'elle ne touche pas le tablier, afin qu'il y ait dessous un passage de 5 à 6 millimètres. On n'a pas à craindre que la mère profite de ce passage pour se rendre dans le compartiment à miel. Les ruches qui n'ont que dix à douze cadres, seront haussées quand le miel commence à briller sur le dernier rayon. Quand on remplace tout le couvercle de la ruche par une tôle perforée, on fait bien d'en couvrir au commencement les deux tiers au moins avec une petite couverture chaude, autrement la chaleur du nid à couvain monte en grande partie dans le magasin. Par la même raison on n'ouvre pas la housse tout entière pour lui donner d'un coup dix à douze rayons; le quart suffit; on la garnit au fur et à mesure. Il arrive parfois que la ruche est bondée de miel et que les abeilles s'abstiennent de monter au magasin. Pour les y attirer, on n'a qu'à y mettre un rayon de couvain couvert d'abeilles. De plus, il faut établir une communication facile entre la ruche et la hausse, à l'aide d'un rayon qui descend jusqu'au zinc perforé et qui sert d'échelle pour y monter. Souvent les hausses ont des fentes et des parois fort minces, ce qui n'engage pas les abeilles à s'y loger pendant que les nuits sont encore fraîches.

Un rayon de miel en fer-blanc. — L'Exposition agricole et forestière de Vienne, de 1890, offrait aux yeux de ses nombreux visiteurs une curiosté toute particulière, savoir des rayons de miel, dont les parois médianes et les cellules sont entièrement fabriquées en fer-blanc. Les cellules de profondeur naturelle et même double, ont été remplies de miel par les abeilles, puis operculées, comme si c'étaient des rayons de cire, bâtis par les abeilles. Cette invention est due à un instituteur du nom de Jules Steigel à Pernersdorf. Elle pourra avoir un avenir dans les magasins à miel; mais il est à douter que les abeilles élèvent du couvain dans les alvéoles en fer-blanc, et fassent bonne mine sur des rayons en fer-blanc pendant les froids de l'hiver.

Fausse-Teigne.

Ravages de la fausse-teigne. Soufrage des rayons de réserve. — Les fausses-teignes (v. fig.) ont déposé une masse d'œufs dans les rayons vides qu'elles ont encore pu visiter en automne. Aussitôt que la température commence à s'élever, ces œufs vont éclore pour donner naissance à des larves, qui se mettent à ronger les rayons. Pour préserver ceux-ci de cette destruction, on n'a qu'à les suspendre dans un courant d'air frais, ou à les mettre dans une caisse qui se ferme hermétiquement, et dans laquelle on brûle tous les mois dans une vieille tasse un morceau de mêche soufrée. L'odeur du soufre tue les larves de la fausse-teigne. Avant d'employer de nouveau les rayons soufrés, on les expose pendant un quart d'heure au grand air, pour leur faire perdre l'odeur du soufre. Les personnes qui craignent qu'il ne se forme dans les alvéoles d'ouvrières, par la fumée de soufre, un dépôt pouvant nuire plus tard au couvain jusqu'à produire la loque, n'ont qu'à placer quelques gros morceaux de naphtaline dans la caisse, et les rayons seront garantis contre la fausse-teigne.

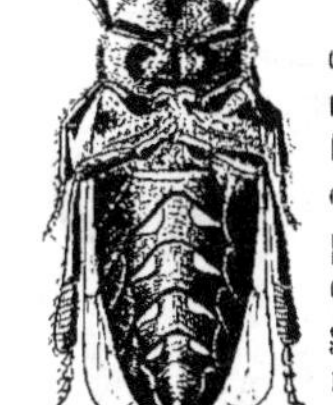

Abeille agrandie sécrétant de la cire.

Valeur des rayons. — Les mouchiers commettent l'absurdité d'enlever au printemps à leurs ruches le tiers, souvent même la moitié des bâtisses, pour les fondre et en réaliser quelques bénéfices. On leur paie la livre de cire 30 à 40 sous seulement, tandis que les abeilles ont dû consommer 10 livres de miel et davantage pour produire 1 livre de cire. Celle-ci n'est à proprement parler que le suif ou la graisse des abeilles. Pour la produire, elles digèrent les matières sucrées et le pollen[1] pour les transformer en matières graisseuses, sous l'influence d'une certaine chaleur et en restant dans un repos presque absolu. C'est sous forme de plaques écailleuses ou de lamelles que la cire est ensuite sécrétée (v. fig.) par les quatre paires de glandes cirières qu'on aperçoit en soulevant le bord écailleux des segments de l'abdomen. Les abeilles ont beaucoup de peine et mettent beaucoup de temps à édifier leurs bâtisses. Aussi l'api-

[1] C'est la couleur du pollen qui influe le plus sur la couleur de la cire. Le pollen blanc fournit de la cire blanche, le pollen jaune, de la cire jaune.

culteur intelligent a-t-il grand soin de conserver les rayons et d'en faire une bonne provision. Même les vieux rayons peuvent être utilisés avec grand avantage dans les hausses ; ils se brisent moins facilement pendant l'extraction du miel que les jeunes. Il ne faut cependant pas acheter des rayons provenant de ruches loqueuses ; mieux vaut employer des rayons artificiels.

Gaufrier Rietsché A.

Gaufrier. — L'apiculteur connaissant la valeur de la cire, n'en vendra plus une miette à vil prix. Bien au contraire, il l'emploiera à la fabrication des rayons artificiels. A cet effet il se procurera le gaufrier Rietsché, de Biberach, (grand-duché de Bade) (v. fig.) et dont le dépôt se trouve chez Mme veuve G. Eberhardt, place Gutenberg, 11, à Strasbourg.

Emploi du Gaufrier Rietsché. — On fait fondre la cire sur un feu doux (à peu près à 100 degrés C.) dans un pot en faïence ou dans une bonne casserole émaillée. Pour éviter que la cire ne devienne trop cassante, on la mélange avec un peu de miel ou d'huile de térébenthine vénitienne (pour 1 kg de cire jusqu'à 100 gr. de miel ou une demi-cuillerée de térébenthine).

Avant la fonte on imprègne bien au moyen d'une bonne brosse la platine ainsi que les bords de la presse avec de l'eau mélangée de miel à part égale (surtout la

Gaufrier Rietsché B.

Gaufrier américain de forme cylindrique.

Presse à cire que possède chaque ménage.

Le sac de cire, plongé dans de l'eau bouillante, repose sur une planchette, pour empêcher qu'il touche le fond du chaudron.

première fois) et on pose la presse verticalement sur un plat, afin que l'eau, qui aurait pu rester entre les cellules, découle bien ; en négligeant cette précaution, on risque de recevoir des cellules très basses ou de n'en avoir pas du tout.

Après avoir fait cette opération, on ferme la presse, et on la place sur une table, le plus possible à niveau ; puis on met la planchette sur le couvercle.

Au moyen d'un pochon ou d'une petite casserole on prend la cire, on lève le couvercle avec le pouce de la main gauche et on laisse couler sur le bord de derrière de la presse, de suite ce qu'il faut pour le rayon ; on ferme vivement le couvercle en pressant fortement dessus ; de cette manière la cire s'étend sur toute la plaque ; après avoir fait découler la cire qui reste autour des bords, on enlève la planchette et on plonge la presse dans un bassin rempli d'eau, pas trop froide, sans quoi les rayons pourraient se fendre.

Après avoir fait dégoutter l'eau, on enlève avec un couteau la cire collée aux bords de la presse et on soulève lentement le couvercle, d'abord d'un côté, et le rayon est fabriqué.

Pour obtenir de beaux rayons minces, il faut laisser couler la cire, très vite et bien chaude dans la presse ; cependant il faut bien se garder de la chauffer trop, sans quoi la cire resterait collée dans les cellules et on serait obligé de la brosser avec une solution de soude en ébullition, jusqu'à ce que toutes les parcelles de cire soient enlevées.

Avant de s'en servir, il faut bien brosser la plaque et les bords avec de la cendre bien fine.

Après s'en être servi, il faut la nettoyer, la bien sécher et la conserver dans un endroit bien sec.

L'usage des rayons artificiels épargne aux abeilles beaucoup de travail et de temps qu'elles peuvent mettre à profit pour la récolte du miel ; de plus il supprime la surproduction de cellules de mâles, et assure la construction de beaux rayons droits.

Manière de coller les rayons artificiels. — Quand le rayon artificiel touche de tous côtés le bois du cadre qui doit le recevoir, il faut le couper aux bords, de manière à établir un espace de 5 millimètres entre les deux montants et la traverse in-

Augette servant à fondre la colle, à coller les amorces et les rayons.

Chevalet servant à fixer les rayons artificiels aux cadres.

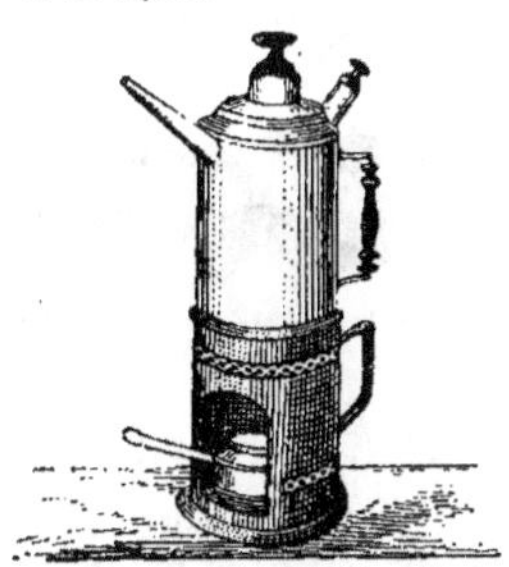

Appareil servant à fondre la colle et à souder les rayons aux cadres.

férieure, pour lui permettre de se dilater sous l'influence de la chaleur de la ruche, afin d'éviter les bosses. Le cadre, mis sens dessus dessous sur le chevalet (v. fig.), reçoit le rayon artificiel qu'on fait adapter hermétiquement sur le milieu du porte-rayon. On colle ensuite, à l'aide de la lampe à souder (v. fig.), le rayon artificiel sur le milieu de la traverse supérieure dite porte-rayon. Ceci fait, on tourne le cadre avec le rayon pour opérer la même soudure du côté opposé. On peut aussi se servir d'une augette dans laquelle on fait fondre la colle pour y plonger ensuite le bord du rayon à souder. La colle doit se composer d'un tiers de cire, d'un tiers de poix blanche et d'un tiers de colophane qu'on fond ensemble. Chez les essaims, suspendus en grappe et souvent fort surexcités, les rayons ainsi collés se détachent parfois. Pour empêcher cela, on les suspend d'abord pendant deux ou trois jours devant la vitre de fortes ruches qui aident à les fixer solidement.

Autre procédé, dit Thierry-Mieg. — Au lieu de coller les rayons aux cadres, on peut encore les fixer en pratiquant une fente dans le cadre pour y faire glisser le rayon.

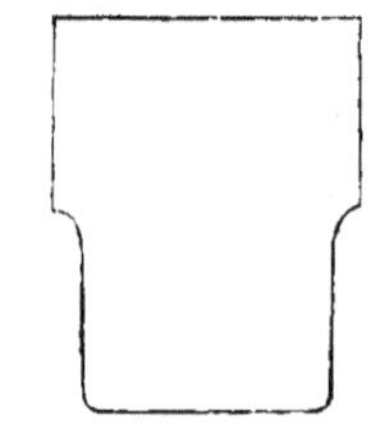

Rayon artificiel devant être glissé dans le cadre.

« Pour obtenir cette fente ou rainure, on divise par le milieu au moyen d'un trait de scie la traverse supérieure, ainsi que les deux montants sur une longueur de 15 centimètres ; on écarte la fente et on la maintient au moyen d'une clavette en bois, enfoncée à chaque extrémité de la traverse (v. fig.) ; on y fait glisser la plaque de haut en bas, et lorsque celle-ci est bien ajustée, on retire successivement les clavettes. Ainsi pincée dans la rainure, elle ne pourra plus bouger ; néanmoins, on peut encore nouer un fil de fer ou une ficelle autour de la traverse supérieure, à l'extérieur de chaque montant.

« Avant de poser la plaque, on devra s'assurer qu'elle n'est pas bombée ; autrement on la coucherait sur une surface plane, en y appuyant le plat de la main pour la redresser. Afin qu'elle soit bien tendue dans le cadre, on peut encore, avant de la poser, serrer légèrement l'un contre l'autre et vers le milieu les deux montants au moyen d'une forte ficelle à nœud coulant qu'on arrête et qu'on retire après la pose ; les montants reprennent alors leur position primitive, mais il faut avoir soin de ne pas dépasser une tension de 1 ou 2 millimètres, autrement on risquerait de produire des fentes dans la plaque.

Troisième procédé, à l'aide de l'éperon Woiblet et de fils de fer galvanisés (fil anglais N° 15). — Bien des apiculteurs prétendent que les rayons gaufrés, fabriqués uniquement de cire d'abeilles, sont trop fragiles et se détachent, pour cette raison, trop facilement des cadres.

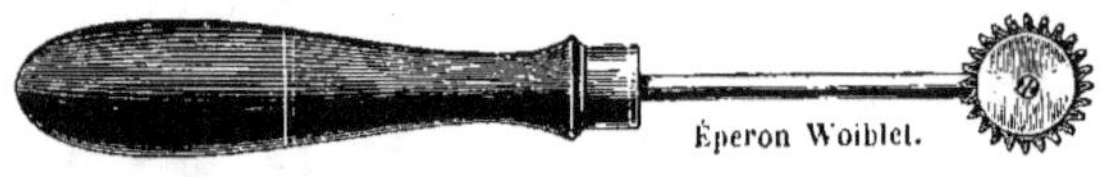

Éperon Woiblet.

Ils n'ont pas tort ; mais il y a moyen de parer à cet inconvénient. Au lieu d'avoir recours à l'augette et à la colle pour fixer ces rayons, ou d'employer le procédé Thierry-Mieg, on se sert du fil de fer et de l'éperon Woiblet.

Voici comment on procède :

La feuille gaufrée est mise sur une planchette de la dimension du vide du cadre, à l'épaisseur de la moitié de celle du cadre, moins 1 1/2 mm. pour la feuille gaufrée, et le cadre tendu de fils est placé sur la feuille. On chauffe modérément l'éperon à la flamme d'une lampe à esprit-de-vin de manière à faire roussir le papier, puis on le fait rouler sur le fil, pour le noyer dans la feuille gaufrée.

Les feuilles ainsi préparées sont très solides, et n'ont pas besoin d'être collées au cadre.

Pour que la feuille conserve bien sa position, il faut placer les deux fils des extrémités à 2 cm. environ des montants.

Le procédé Woiblet permet d'employer des rayons gaufrés très minces, fabriqués de cire d'abeilles toute pure. Les rayons résistent durant l'extraction du miel et durant le transport des ruches.

Pour l'apiculteur il y a économie de pouvoir se servir de feuilles gaufrées très minces. Elles reviennent à meilleur marché.

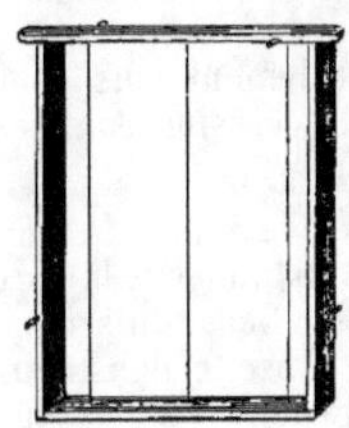

Cadre tendu de fil de fer.

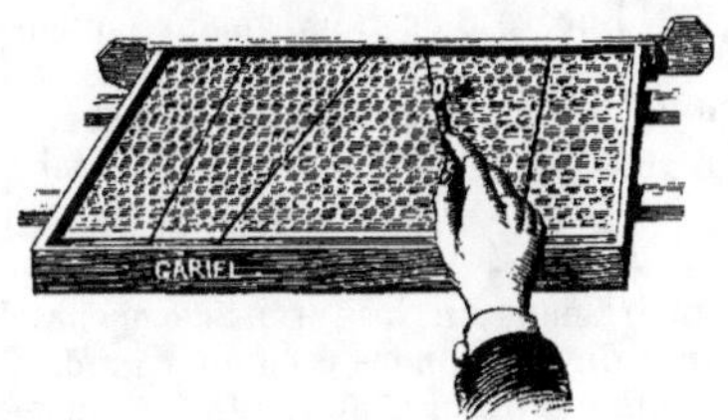

Cadre Gariel garni d'un rayon gaufré dans lequel on noie le fil de fer.

Différentes espèces de cire. — L'abeille n'est pas le seul insecte qui produit de la cire. En Chine se trouve la cochenille cérifère, le fameux Erycerus Pé-La, que l'on cultive principalement dans la province de Ise Tchouen. La cochenille cérifère vit sur le frêne de Chine. Le mâle de cet insecte sécrète sur la surface de son corps des amas cireux qui par leur réunion forment souvent des agglomérations considérables le long des rameaux et des branches des arbres qui les portent. Le commerce qui en résulte est très important, puisque certains auteurs l'évaluent à quatorze millions de francs. Cette substance vaut, dit-on, à Shang-Haï, environ 250 à 300 fr. les 60 kilogs, ou à peu près 4 fr. 50 à 5 fr. le kilogramme. En raison de ce prix élevé, on s'en sert rarement pure, mais on la mélange avec une certaine quantité de graisse animale avant d'en fabriquer des bougies, seul usage auquel elle soit d'ailleurs employée. Cette cire commence à être importée chez nous.

A côté de la cire d'abeilles et de la cire de la cochenille, dites *cires animales,* se trouvent encore la *cire minérale* et la *cire végétale.*

La *Cire minérale,* connue aussi sous le nom d'ozocérite, provient d'une région montagneuse située à 114 milles à l'Est de Salt Lake City (Utah).

« Cette substance, à laquelle on donne aussi les noms de cire fossile de Moldavie et de paraffine native, est une sorte de bitume que l'on rencontre aussi dans la chaîne des monts Karpathes et dans le voisinage de la mer Caspienne. Purifiée, elle est appelée cérésine et sert, en remplacement de la cire, à la fabrication des allumettes-bougies, des cierges, etc. On l'emploie aussi, après l'avoir légèrement teintée, au cirage des parquets, des fils pour la cordonnerie, etc. »

L'ozocérite est semblable à la cire d'abeilles par sa consistance et sa translucidité ; elle possède en même temps une odeur aromatique marquée ; elle brûle avec une flamme très brillante.

La *cire végétale* comprend plusieurs espèces, telles que :

1° La *cire de Chine,* produite par la graine d'une plante de la famille des euphorbiacées ;

2° La *cire végéta'e de Carnauba,* produite par le copernicia cerifera, espèce de palmier-éventail, qui croît dans plusieurs provinces brésiliennes. On secoue les jeunes feuilles pour en détacher la cire qui tombe sous forme d'écailles. Au Brésil on en fait des bougies, en Europe on l'emploie à la falsification de la cire d'abeilles.

3° La *cire du Japon* qui provient de la graine de Rhus succedana, arbre que l'on cultive dans les Indes orientales.

4° La *cire de Palme,* recueillie sur les troncs des palmiers Ceroxylon-andicola qui croissent aux États-Unis de Colombie. Elle forme sur ces troncs une couche qui peut atteindre 6 millimètres d'épaisseur. Chaque arbre peut livrer de 12 à 14 kg de cire.

5° La *cire de Myrica* que l'on obtient en faisant bouillir les fruits de cet arbre. Encore d'autres végétaux fournissent de la cire.

Les cires végétales et la cire de la cochenille, coûtant généralement plus cher que la cire des abeilles, nous ne rencontrons ordinairement que la cérésine dans les rayons artificiels, quand on les a falsifiés.

Manière de constater si les rayons artificiels ne contiennent pas de la cire minérale. — A cet effet on n'a qu'à prendre un morceau de rayon artificiel et le faire fondre dans un vase, sans cependant le chauffer à le faire roussir. Dans un second vase on fait fondre un morceau de soude de la grosseur d'une noisette dans deux cuillerées d'eau chaude. On mélange ensuite les deux masses. Si le rayon artificiel ne contient que de la cire pure, le liquide se savonne complètement et présente une masse blanchâtre. Si, au contraire, le rayon artificiel contient de la cérésine, celle-ci surnage sous forme de masse huileuse. La cérésine ne se savonne pas avec la soude.

Mai.

Miellées abondantes. — Pendant le mois de mai des miellées abondantes se présentent dans presque tous les cantons de notre pays. Les arbres fruitiers, les crucifères, l'érable, le sorbier, les myrtilles, le marronnier d'Inde, la ronce, le framboisier, l'épine-vinette, le lugustrum vulgaire, la sauge des prés, le trèfle incarnat, l'esparcette, le réséda, le thym commun, etc., fournissent beaucoup de miel et de pollen. Si le temps est favorable, les abeilles travaillent avec une activité fiévreuse et butinent à cœur-joie. Les ruches se remplissent de jeunes abeilles et de miel. Le mello-extracteur est mis en mouvement, les pots de miel regorgent du doux nectar des fleurs et de beaux essaims tourbillonnent dans les airs. Le mois de mai devient de la sorte le mois des délices de l'apiculteur.

Alvéoles vides. — Plus les récoltes sont abondantes durant ce mois, plus l'apiculteur doit veiller à ce que la mère dispose toujours d'alvéoles suffisants pour la ponte qui peut se monter par jour à 3000 œufs et même au-delà. Les deux faces d'un décimètre carré de rayon contiennent 854 alvéoles d'ouvrières. Comme le développement d'une abeille exige 21 jours depuis la ponte de l'œuf jusqu'à la sortie de l'alvéole, il faut que la reine ait à sa disposition, en cette saison, $3000 \times 21 = 63,000$ alvéoles. Or, un rayon alsacien-lorrain a 6,80 décimètres carrés, il renferme donc $854 \times 6,80 = 5807$ alvéoles, ce qui fait sur 11 rayons 63,879 alvéoles. Il faut par conséquent 11 rayons, devant servir uniquement à la ponte de la mère ; de plus 3 ou 4 rayons pour recevoir le miel et le pollen.

M. l'abbé J.-B. Voirnot a établi le calcul suivant, qui peut être appliquée à tous les systèmes. Il faut, dans une ruche bâtie, environ un litre pour loger dans les rayons un kilo de miel et entre les rayons mille abeilles ; et, quant au couvain, il faut à peu près un litre pour loger 2500 abeilles au berceau, ou environ 4 litres pour 10,000 œufs ou larves.

Quelle capacité devra avoir le nid à couvain pour l'été, c'est-à-dire à partir de mai, époque où les abeilles se suffisent généralement? C'est ici que les chiffres peuvent et doivent être un peu plus élastiques, car la capacité devrait varier selon la ponte et celle-ci varie suivant la fécondité de la reine, suivant la population, suivant les provisions en miel, en pollen, suivant la température. Partons d'une ponte de 3000 œufs par jour. Le développement d'une abeille, exigeant 21 jours, depuis la ponte de l'œuf jusqu'à la sortie de l'alvéole, une ponte de 3000 œufs exigera 63,000 cellules ; autrement dit et pour mieux préciser : à 854 cellules au décimètre carré il faut 74 décimètres carrés de rayons. En outre la nourriture de ces

63,000 nymphes, coûtant 8 ¼ kg, il faut à raison de 315 grammes au décimètre carré, 26 décimètres carrés de rayon de miel et de pollen, l'équivalent de 22,000 cellules. Total en nombres ronds : 85,000 cellules sur 100 décimètres carrés de rayons, soit 14 à 15 cadres alsaciens-lorrains.

Disette. — Parfois le mois de mai n'est pas favorable aux apiculteurs. A la place d'un soleil printanier, dame nature leur envoie des vents rudes et de la pluie. Par là l'activité des abeilles est arrêtée et les ruches qui se sont le mieux développées, commencent à manquer de vivres. Si, à ce moment, l'apiculteur les néglige et ne leur procure pas la nourriture voulue, ses ruches périssent de disette et ses beaux rêves vont s'évanouir. Pendant le mois de mai une bonne ruche consomme journellement une demi-livre de miel ou de sirop de sucre. On liquéfie la nourriture avec une forte addition d'eau pour épargner aux abeilles la peine d'en chercher au dehors. Dans les cantons où les miellées se présentent en juin seulement, on fait bien de continuer le nourrissement spéculatif, même quand la nature fournit un peu de nourriture.

Essaims naturels. — Les essaims de mai sont les bienvenus, parce que d'ordinaire ils ont à leur disposition une table richement servie qui leur permet de bien approvisionner leur jeune ménage de tout le nécessaire voulu. Dans les cantons qui, à partir de la moisson, n'offrent plus qu'une maigre pâture aux abeilles, l'apiculteur intelligent empêchera autant que possible l'essaimage multiple. Voici quelques-uns de ces moyens :

1° Mettez l'essaim primaire à la place de la ruche-mère, pour donner à celle-ci une autre place sur l'apier. Par là, toutes les butineuses, restées dans la souche, vont rejoindre l'essaim, en revenant des champs, et renforcer sa population. La souche au contraire s'en trouve affaiblie à tel point qu'elle perd l'envie d'essaimer de nouveau, à moins qu'elle ne possède de jeunes reines déjà écloses ou qui sont sur le point d'éclore. Par le déplacement, la ruche a perdu toutes ses pourvoyeuses d'eau ; il faut par conséquent lui procurer de l'eau pendant trois jours au moins, à l'aide d'une éponge mouillée que vous placez sur l'ouverture du haut, ou au moyen d'un verre à boire que vous remplissez à pleins bords et que vous fermez avec un linge pour le poser sens dessus dessous sur l'ouverture du haut.

2° Logez les abeilles dans des ruches spacieuses, dont on peut rétrécir ou agrandir à volonté l'habitation et le magasin à miel. Quand on peut donner aux abeilles une bonne provision de rayons vides pour les occuper constamment, elles essaimeront rarement. Si, au contraire, les abeilles sont logées trop à l'étroit, elles sont bien plus portées à essaimer que dans des logements où elles se sentent à l'aise, même pendant les chaleurs. L'agrandissement du logement par des hausses, des ruches doubles, etc., doit se faire avant que les abeilles ne commencent à édifier des alvéoles de mères ; car dès que la ruche possède des cellules maternelles, garnies de couvain, elle essaimera malgré l'agrandissement (v. le chapitre « Ruches doubles »).

3° Enlevez à la ruche sa vieille mère et remplacez-la par une jeune mère *fécondée, et de la présente année.* Ce moyen est *infaillible,* sauf dans les années très fertiles en miel.

4° Permutez une ruche populeuse avec une ruche faible, entre dix et deux heures, quand les abeilles sont bien occupées au dehors.

5° Détruisez à la souche qui vient d'essaimer tous les alvéoles royaux moins un, le plus beau, qui doit fournir la future mère ; répétez cette opération huit jours après.

Indices précurseurs de la sortie des essaims. — Quand les ruches font barbe, on peut admettre que les abeilles se sentent trop à l'étroit dans leur logement. D'ordinaire c'est plutôt la chaleur que la velléité d'essaimer qui les chasse à l'air libre. Remarque-t-on que les ouvrières qui vont aux champs et celles qui en rev'ennent ne sont plu, aussi nombreuses que de coutume, que des abeilles commencent à se grouper à l'entrée, que les butineuses, revenant de la picorée avec des pelotes, se joignent aux premières, que des mâles apparaissent déjà dans la matinée, qu'ils sortent et rentrent bruyamment, que de nombreuses abeilles viennent de l'intérieur, comme pour apporter un message, que toutes rentrent ensuite avec empressement et se gorgent de miel pour avoir des provisions de route, on est en présence de la sortie d'un essaim. Les essaims primaires sortent de préférence par le beau temps et par les temps orageux, entre 11 et 3 heures. Les essaims secondaires et tertiaires sortent depuis 7 heures du matin jusqu'à 5 h.ures du soir.

Réception des essaims. — Les essaims primaires, après s'être balancés pendant quelques moments dans l'air, se fixent pour la plupart dans le voisinage de l'apier, à une branche d'arbre peu élevée ou à un arbuste, parce qu'ils se composent en majeure partie de vieilles abeilles gorgées de miel et qu'ils amènent avec eux une vieille mère dont l'abdomen est alourdi par un ovaire tout gonflé d'œufs. Si un essaim fait mine de vouloir prendre la clef des champs, prenez une seringue ou un balai à bras et lancez sur lui de

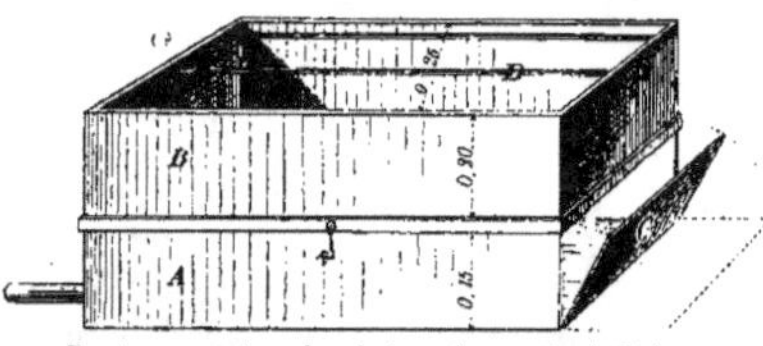

Porte-rayon Burghard dont la partie inférieure peut servir de pelle à essaims.

Pelle à essaims.

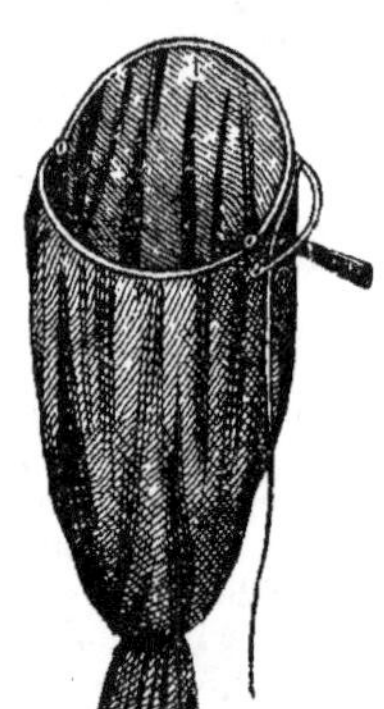

Sac servant à recueillir des essaims.

l'eau sous forme de pluie, en dirigeant le jet plus sur l'avant-garde que sur le gros du tourbillon, pour ne pas atteindre la mère et la faire tomber sur le sol. Recueillez l'essaim à l'aide d'une pelle en carton, dont le fond est en bois (v. fig.). Si l'essaim s'est fixé à un endroit fort haut, recevez-le dans un sac maintenu ouvert au moyen d'un cerceau, et que vous fermez en redescendant l'échelle pour empêcher les abeilles de s'échapper (v. fig.). Dès que l'essaim s'est réuni en grappe dans sa nouvelle demeure, portez-le à la place que vous lui destinez. Ne commettez pas la faute de le laisser en place jusqu'au soir, parce que de cette manière les butineuses, se détachant du groupe pour travailler, s'orientent mal, reviennent le lendemain à cette place sans retrouver l'essaim et s'égarent ensuite.

Gobe-essaim.

Moyen d'arrêter les essaims en fuite. — Les moyens réputés infaillibles d'arrêter les essaims d'humeur vagabonde consistent à taper à tour de bras sur des casseroles et des chaudrons, jeter du sable aux abeilles, tirer des coups de fusil, envoyer de l'eau avec une seringue — et les abeilles continuent leur course. Un moyen presque infaillible de les arrêter, c'est de se servir d'un fragment de miroir !

Un essaim semble-t-il hésiter à s'accrocher, fait-il mine de s'enfuir, ou même commence-t-il à filer, vite on se place de façon à avoir devant soi le soleil et l'essaim, et au moyen d'un fragment de miroir ou d'une petite glace de poche, on envoie des rayons de lumière à travers les voyageuses, de ci, de là, comme s'il y avait des éclairs. Les abeilles sont-elles éblouies ou croient-elles à l'approche d'un orage? Elles se ramassent de suite et ne tardent pas à s'accrocher, et généralement à ras de terre.

Un *gobe-essaim*, nouveau genre, consiste à adapter à une ruche, prête à essaimer, une cage faite de tôle perforée, à placer, à côté de cette ruche, une ruche vide renfermant des rayons vides ou artificiels, ou simplement amorcés, pour recevoir un essaim. A la ruche vide est adaptée une cage semblable à la première. Les deux cages communiquent entre elles par un tuyau de tôle perforée. La mère ne pouvant suivre l'essaim, préfère passer par le tuyau dans la cage voisine, où l'essaim, en revenant, se joindra à elle pour prendre possession du nouveau logement.

Aménagement du logement de l'essaim. — Beaucoup d'apiculteurs frottent intérieurement le logement qui doit recevoir l'essaim, avec du miel ou des plantes aromatiques, dans le but de l'y faire fixer plus sûrement. Nous déconseillons d'employer du miel, parce qu'il peut attirer les pillardes. L'essentiel est que la ruche soit propre et n'ait pas de mauvaise odeur. La ruche à cadres ne reçoit que 5 à 7 cadres, selon la force de l'essaim; les cadres doivent être amorcés de rayons indicateurs (v. fig.) pour empêcher les abeilles d'édifier des bâtisses irrégulières. Plus les amorces sont grandes, mieux cela vaut. En n'employant que des feuilles entières, on obtient des bâtisses régulières et l'on supprime presque complétement la ponte des œufs de bourdons. Un essaim qui est logé dans des bâtisses presque achevées, a une grande avance, souvent d'une année, sur les autres logés

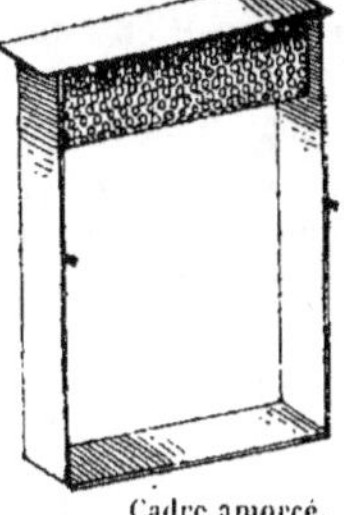

Cadre amorcé.

presqu'à nu. Le soir ou le lendemain il faut ajuster les cadres qui ont été dérangés par la réception de l'essaim.

Rentrée des essaims. — Il arrive souvent que les essaims, en se balançant dans l'air, se dispersent au lieu de se rassembler pour se grouper. C'est un indice que la mère n'a pas suivi l'essaim ou qu'elle est tombée à terre, à cause de ses ailes déchiquetées ou de son abdomen trop chargé d'œufs. Dans ce cas, faites des recherches auprès du rucher. D'ordinaire vous la découvrez au milieu d'un petit groupe d'abeilles, soit sur le sol, soit sur un tablier ou une banquette du rucher.

Si l'essaim est encore en mouvement dans l'air, mettez lestement la mère dans une cage. Puis enlevez la souche qui a fourni l'essaim pour la substituer par la ruche qui doit recevoir l'essaim. Devant le guichet de cette dernière mettez alors la cage avec la mère. L'essaim va revenir pour se grouper autour de sa mère. Dès que celle-ci est entourée d'une bonne pelote d'abeilles, mettez-la dans l'intérieur de la ruche, où les abeilles ne tarderont pas à sonner le rappel pour y attirer toutes leurs compagnes. S'il arrive qu'une partie de l'essaim veut se jeter sur les ruches voisines, hâtez-vous de couvrir celles-ci de tabliers, ou de boucher les trous de vol, pour éviter un massacre souvent terrible. Si vous trouvez la mère seulement après la rentrée de l'essaim, vous pouvez l'employer pour la formation d'un essaim artificiel. Si elle est défectueuse, vous faites mieux de la tuer. La ruche qui a perdu cette reine va essaimer de nouveau quelques jours après, dès qu'une jeune reine est éclose. Celle-ci fera entendre son *tû! tû! tû!* deux ou trois jours avant la sortie de l'essaim.

Quand un essaim s'est posé à terre, mettez la ruche qui doit le recevoir à côté ou par-dessus; si les abeilles tardent à y entrer, projetez-leur un peu de fumée, ou bien jetez-en une partie dans la ruche et aussitôt le rappel va être sonné.

Quand un essaim s'est logé dans un arbre creux, pratiquez au-dessus du siège des abeilles une issue que vous couvrez d'une ruche-panier, projetez de la fumée, mais modérément, par l'issue inférieure. Si les abeilles s'obstinent à ne pas déguerpir, augmentez l'injection de fumée. Cessez avec l'injection, dès que la mère se trouve dans la ruche.

Achat d'essaims. — Le plus souvent les novices font leurs débuts par l'achat de petits essaims. C'est une fort mauvaise économie, car les essaims faibles ne font que végéter entre les mains des commençants et ne leur procurent que des déboires. Nous leur conseillons de n'acheter que des jets bien vigoureux de vingt à trente mille abeilles, pesant 5 à 6 livres (4000 abeilles gorgées de miel pèsent une livre.). Ce n'est que dans des contrées bien favorisées par les miellées d'automne que les petits essaims peuvent arriver au développement voulu pour bien passer l'hiver.

Les jets du mois de mai et provenant de ruches qui ont des mères d'un an, c'est-à-dire qui ont essaimé l'année dernière, méritent la préférence.

Les essaims que vous achetez chez un voisin, doivent être mis en place le jour même où ils ont été recueillis; autrement leurs butineuses retournent à leur ancien rucher. Cette précaution est inutile, lorsque vous les transportez à une distance de 3 kilomètres au moins, parce que les abeilles se trouvent alors en dehors de leur triage habituel.

Le transport des essaims se fait le mieux le soir, parce que la température est plus basse et que l'obscurité intimide les abeilles. A cet effet prenez des ruches à cadres garnies de bâtisses plus ou moins achevées et dont le couvercle est remplacé par une forte toile d'emballage ou par un châssis tendu d'une toile métallique. A défaut de ruches à cadres, servez-vous d'une ruche-panier, dans laquelle vous pliez autour de la circonférence intérieure une branche de genêt ou d'osier, afin que les abeilles puissent s'y maintenir et résister aux chocs du transport. Après y avoir logé l'essaim, attendez jusqu'à ce qu'il se soit calmé et suspendu en grappe; ensuite mettez la ruche sur une toile d'emballage, relevez les bords pour les attacher solidement avec une forte ficelle autour du panier. Cela fait, renversez la ruche, la toile en haut et attendez jusqu'à ce que les abeilles se soient fixées à la toile et à la branche. Durant le transport évitez le choc des pavés.

Essaims artificiels. — Les essaims artificiels doivent être faits quelques jours avant l'arrivée des essaims naturels. On se dispense par là d'une surveillance assujettissante et de bien des ennuis, surtout avec des voisins malcommodes. On peut aussi faire des essaims artificiels plus tard encore, si la contrée fournit de fortes miellées d'été, ou si l'on veut les nourrir. Les procédés pour faire des essaims artificiels sont nombreux. Voici les plus simples et les plus recommandés :

1ᵉʳ Procédé. — *Avec bâtisses fixes. Tapotement.* — Le soir ou le matin, prenez une ruche qui a commencé à faire barbe, pour la transporter à que'que distance du rucher. Après avoir intimidé les abeilles par quelques légères bouffées de tabac, enlevez le tablier, retournez la ruche, placez dessus une ruche vide de même dimension et nouez un vieux fichu ou un long essuie-mains sur la fente qui sépare les deux ruches (v. fig.). Chassez ensuite une partie des abeilles de la ruche inférieure dans celle placée au-dessus, à l'aide de deux baguettes, avec lesquelles vous tambourinez extérieurement toutes les parties de la ruche-mère, en allant de bas en haut, et toujours en suivant une ligne spirale. L'opération a réussi, si la mère a suivi les abeilles dans la ruche vide, sinon recommencez l'opération. Assignez ensuite à l'essaim la place de la ruche-mère, mettez celle-ci sur un rayon disponible et pourvoyez-la d'eau pendant trois jours, moyennant une éponge que vous placez sur l'ouverture et que vous humectez de temps en temps, ou à l'aide d'un verre rempli à bords pleins et fermé ensuite avec un tissu que vous mettez sur l'ouverture du haut. Les abeilles viendront sucer à travers le tissu.

2ᵉ Procédé. — *Essaimage par mutation avec bâtisses fixes.* — Donnez à la ruche tambourinée ou à une ruche qui vient d'essaimer la place d'une ruche à forte population. Elle fournira, dix jours après, sinon plus tôt encore, un magnifique essaim. Celui-ci prendra de nouveau la place de la ruche-mère, laquelle aura à son tour la place d'une autre ruche bien peuplée pour fournir encore un essaim. Cet essaimage par mutation peut se faire jusqu'à cinq et même six fois avec une ruche bien approvisionnée. On a l'avantage d'obtenir de beaux essaims avec de jeunes mères, et même des mères de race choisie, si la ruche ainsi exploitée est de race choisie.

3ᵉ Procédé. — *Avec bâtisses mobiles.* — Suspendez dans une caisse disponible un rayon vide à cire d'ouvrières; choisissez dans une ruche bien conditionnée un rayon de couvain sur lequel se trouvent passablement d'abeilles et la mère; suspendez ce rayon derrière le premier de la

Apiculteur tambourinant une ruche.

caisse vide; ajoutez-y un rayon de miel, puis trois ou quatre cadres amorcés de bâtisses. Fermez ensuite la caisse ainsi garnie et mettez-la à la place de la ruche qui a été privée de sa mère. L'essaim artificiel est fait. Sa population ne tardera pas à être renforcée par toutes les butineuses de la ruche-mère. La ruche orpheline aura une place vacante sur l'apier, et elle sera abreuvée pendant trois jours; ou bien elle sera employée à l'essaimage par mutation, surtout si c'est une ruche de race choisie, qu'on désire multiplier sur son rucher.

4ᵉ Procédé. — Balayez toutes les abeilles dans une ruche vide, sans rechercher la mère; elle s'y trouvera, s'il y a du couvain d'ouvrières non operculé et des œufs dans la souche; mettez l'essaim à la place de la souche, celle-ci à la place d'une autre colonie, cette dernière à une place vide. L'essaim reçoit un seul rayon de miel avec ou sans couvain, et des cadres vides avec des gaufres entières. La souche conserve tout son couvain et se refait vite. La colonie, reléguée sur une place vide, est abreuvée pendant trois jours. Pour empêcher la souche d'essaimer, coupez-lui le neuvième ou le dixième jour tous les alvéoles maternels moins le plus beau.

5ᵉ Procédé. — Prenez une caisse vide, suspendez-y un rayon vide ou un rayon artificiel, puis un rayon de couvain (sans les abeilles) pris d'une ruche peuplée; mettez sur ce rayon, mais sous cage, une mère de réserve; balayez ensuite dans cette caisse les abeilles qui font barbe devant une ruche bien peuplée; ajoutez-y encore un rayon en partie rempli de miel, puis deux rayons bien amorcés de bâtisses naturelles ou artificielles et mettez la ruche ainsi préparée à la place de la ruche dont vous avez enlevé la barbe. La dernière reçoit une place spéciale et est abreuvée d'eau pendant 3 ou 4 jours.

Transvasement naturel par les abeilles. — Il y a deux moyens pour arriver à ce résultat:

1° c'est de laisser essaimer les ruches en panier et de mettre les essaims dans des ruches à cadres mobiles;

2° de poser le panier à transvaser sur une ruche non peuplée, à cadres et à plafond mobiles (v. fig. A). et de supprimer ce panier, lorsque sa population et sa mère se seront installées dans la ruche à cadres.

Choisissez de préférence un panier qui n'a pas été taillé au print- mps et qui contient une forte population. Comme les abeilles aiment à construire des rayons à grandes cellules dans une hausse placée au-dessous de leur ruche, il faut garnir la ruche à cadres de rayons artificiels (v. fig.). Quand la reine a établi son nid à couvain dans la ruche à cadres, il convient de séparer celle-ci du panier par une plaque

Cadre garni d'un rayon artificiel.

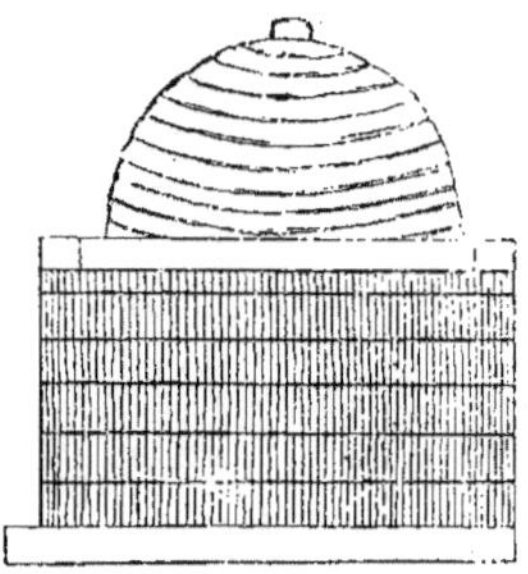

Fig. A.

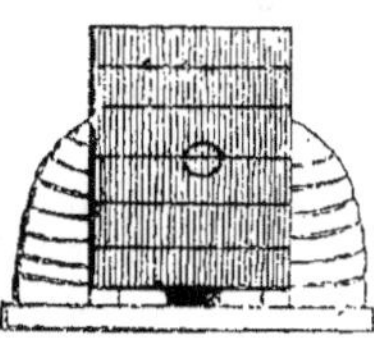

Fig. B.

perforée, pour empêcher la reine d'y remonter. S'il s'y trouve des mâles, on ouvre le trou de vol du panier entre midi et deux heures, pour leur permettre de sortir ; mais une fois dehors, il faut boucher le trou, pour les empêcher d'y retourner.

Avant de poser le panier sur la ruche à cadres, il faut habituer les abeilles à la forme ou plutôt à la façade de leur nouvelle demeure. A cet effet on place pendant cinq jours devant le panier, au-dessus du trou de vol, la porte de la ruche à cadres (v. fig. B). Ensuite, quand on pose le panier sur la ruche à cadres, on cache quelque peu les paniers voisins, en les couvrant de tabliers. En automne et même plus tôt, on peut enlever le panier qui, dans les bonnes années, est rempli de miel comme une grande calotte.

Observations générales. — Pour multiplier les populations, il faut se servir de préférence des ruches qui sont actives et qui travaillent facilement sur le trèfle rouge, car la langue de leurs abeilles est évidemment plus longue. N'employez que des ruches puissantes en population pour en faire des essaims artificiels. Ne placez pas les essaims trop près des souches. Ne logez pas les essaims dans des ruches malpropres. Mettez les rayons vides, que vous sortez de la caisse soufrée, un peu à l'air avant de les employer, autrement vous risquez de voir les abeilles prendre la fuite. Nourrissez vos essaims pendant le mauvais temps, quand les miellées font défaut ; c'est *le nourrissement spéculatif le plus profitable.* Voulez-vous découvrir la souche qui a essaimé, prenez une poignée d'abeilles et saupoudrez-les avec de la farine de blé ou de la craie en poudre, lancez ces abeilles en l'air devant le rucher et placez-vous en sentinelle. La ruche sur laquelle se dirigent les abeilles saupoudrées, est la souche en question.

Juin — Juillet.

Récoltes abondantes. — Le mois de juin a la réputation de fournir aux abeilles d'abondantes récoltes. La douce température, rafraîchie de temps en temps par de petites ondées et des rosées, favorise admirablement la production du miel. Les abeilles de la plaine trouvent d'amples provisions sur les fleurs des prairies, du sainfoin, de la moutarde, de la fèverole (cultivée dans les terres sablonneuses et calcaires), des pois, de la bourrache, du sedum, de l'esparcette, du pied d'alouette, du trèfle rampant, du concombre, du serpolet, du bluet, des tilleuls et de l'acacia. Dans les contrées boisées, elles butinent sur le mélilot, la luzerne, le framboisier sauvage, et même sur les pins et les sapins qui parfois transsudent une sève sucrée. Souvent les feuilles des pruniers, des saules, des tilleuls, des peupliers, etc., fournissent les entremets, en transsudant aussi une sève mielleuse que les abeilles lèchent avidement. Dans ces conditions il est avantageux d'avoir une provision suffisante de rayons vides pour occuper constamment les abeilles.

Provisions de réserve. — L'apiculteur prévoyant fera, durant ce mois d'abondance, une provision de rayons de miel operculés, qu'il distribuera soit en automne soit au printemps suivant, à ses ruches nécessiteuses. Ce mode de nourrissement est le plus avantageux, le plus commode et le moins dangereux par rapport au pillage.

Sortie des rayons et extraction du miel. — Il y a des apiculteurs qui transportent les hausses à quelques pas du rucher et qui balayent les abeilles dans l'herbe, pour

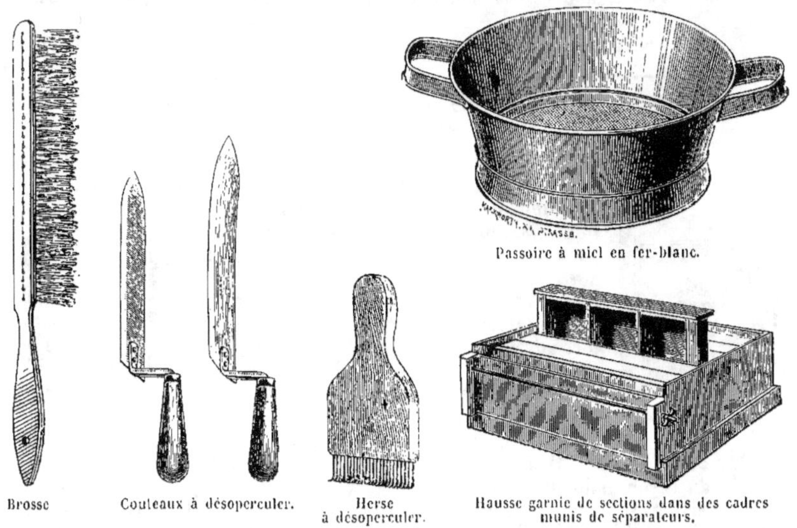

Brosse   Couteaux à désoperculer.   Herse à désoperculer.

Passoire à miel en fer-blanc.

Hausse garnie de sections dans des cadres munis de séparateurs.

enlever les rayons et les vider avec l'extracteur. Ils prennent une peine inutile et perdent par là beaucoup de jeunes abeilles qui ne peuvent pas encore prendre leur vol ; de plus, ils sont piqués à l'envi par les abeilles surexcitées. Mieux vaut le procédé suivant : On dépose tout simplement les hausses dans un endroit obscur, soit dans une chambre dont on ferme tous les volets, à l'exception d'un seul, qu'on laisse entr'ouvert pour permettre aux abeilles de s'envoler et de regagner leurs pénates. Au bout d'une heure les abeilles ont abandonné les hausses, sauf quelques jeunes qu'on rend aux ruches. On peut ensuite enlever les rayons et les vider à l'extracteur. Veut-on récolter les rayons d'un magasin non mobile, on enfume d'abord légèrement les abeilles à l'aide d'un smoker ou du champignon de hêtre, ou d'une pipe à tabac ; ensuite on balaie les abeilles dans la ruche à l'aide d'une plume mouillée ou, ce qui vaut beaucoup mieux, d'une petite brosse bien soyeuse et humectée d'eau (v. fig.). On peut aussi balayer les abeilles dans la pelle à essaim ou dans la partie inférieure du porte-rayon Burghard et les rendre à la ruche par la portière de derrière ou par le couvercle, ou aussi par le guichet. Les rayons sont désoperculés à l'aide de la herse (v. fig.), d'une bonne fourchette ou du couteau à désoperculer qui a la forme d'une petite truelle. Les rayons nouvellement construits et délicats sont d'abord désoperculés sur un côté, puis passés à l'extracteur, ensuite seulement on les désopercule sur le côté opposé pour éviter qu'ils ne se brisent en morceaux.

Honney-Boxes. — Il y a des apiculteurs qui garnissent leurs magasins à miel de petites boîtes formant cadre et fermées par devant et par derrière avec du verre à vitre. Par le bas la traverse, moins large que l'encadrement, donne accès aux abeilles qui, trouvant des amorces à la traverse supérieure, garnissent les boîtes de magnifiques rayons operculés d'une cire blanche, ce qui les rend fort appétissants et fort recherchés. Les Anglais appellent ces boîtes *Honney-Boxes.*

Les Sections. — Les apiculteurs des contrées montagneuses ont souvent de la peine à faire écouler leurs miels bruns ou foncés. De plus, quand ils veulent extraire

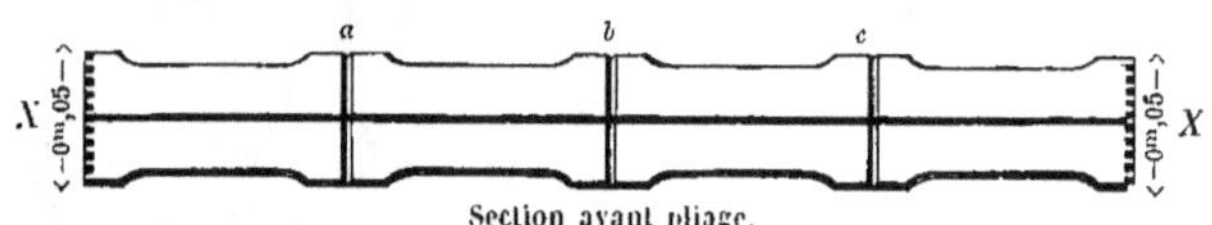

Section avant pliage.

ces miels, souvent fort gluants, les cellules ne veulent pas se vider. On déploie une grande force de bras qui le plus souvent ne sert qu'à mettre les rayons en morceaux.

Boîte pour section.

Section après pliage.

Les apiculteurs américains, hommes pratiques, savent remédier à ces inconvénients par l'emploi de petits cadres qu'ils appellent « *sections* ». Celles-ci ont l'avantage de présenter au public les miels foncés sous forme de petits rayons tout blancs, d'un aspect fort attrayant.

La section est faite d'une lame de bois de tilleul choisi (v. fig.). Pour l'assembler on la plie doucement aux cannelures *a b c* et les extrémités *XX*, à mortaises et à tenons, sont engagées l'une dans l'autre. Dans la rainure, qui se trouve dans la partie *a b* est fixée l'amorce du rayon artificiel.

Les sections sont superposées les unes contre les autres, sur la cloison perforée, au-dessus du nid à couvain. On peut aussi les fixer dans des cadres munis de séparateurs (v. fig. p. 35). Pour obtenir des sections très propres et très coquettes et d'une épaisseur uniforme, on intercalle entre les rangées des feuilles de bois mince, ou des feuilles de fer-blanc ou du verre, ce qui empêche les abeilles d'allonger trop les cellules. D'ordinaire les sections contiennent environ une livre de miel, et sont par là à la portée de toutes les bourses. De plus les amateurs de miel pur et non falsifié préfèrent acheter du miel en rayons qui leur offre plus de garantie d'authenticité.

La boîte en carton ci-dessus est munie d'un bout de gance bleue, formant anse, qui sert à la porter. Elle forme pour une section de miel un empaquetage solide et sûr, commode à transporter ; le consommateur peut aussi, s'il le désire, placer cette boîte dans sa malle, avec toute sécurité. Elle peut être ouverte en un clin d'œil.

Pour la facilité des expéditions, ces boîtes sont envoyées pliées à part ; elles se montent facilement et en un instant. Une instruction est jointe à l'envoi. En dépôt chez Mme V° Eberhardt à Strasbourg.

Manière de se servir du smoker. — Pour se servir avec succès du smoker, il faut tout d'abord se procurer du bois bien pourri. Les vieux saules et les vieux chênes en fournissent souvent de fort bon. On coupe ce bois en petits morceaux, gros comme des dés à jouer. On fait fondre un peu de sel de nitre ou salpêtre dans de l'eau tiède dont on arrose ensuite le bois pourri. Quand on a de nouveau bien séché le bois, le sel de nitre dont il est imprégné le fait mieux brûler et donne à la fumée plus d'action sur les abeilles. Veut-on produire une fumée bien épaisse, soit pour chasser des pillardes qui viennent assaillir le rucher, soit pour empêcher un essaim de se réunir avec un autre, déjà suspendu à l'arbre, on n'a qu'à mélanger du tabac au bois pourri.

On allume le smoker non pas avec des morceaux de papier ou des allumettes chimiques, mais avec un charbon ardent qu'on met au fond du tube-fourneau pour placer ensuite le bois pourri dessus. Dès qu'on ne fait plus jouer le soufflet, on pose le smoker sur la tête du tube-fourneau, de manière que le bec de la cheminée regarde en l'air ; le bois reste ainsi au contact avec le charbon qu'on attise de temps en temps avec un ou deux coups de soufflet.

L'Anglais Webster a eu l'idée de prendre une éponge, de l'imprégner d'acide phénique, d'huile de goudron et de quelques gouttes d'alcali volatil, de la fixer ensuite

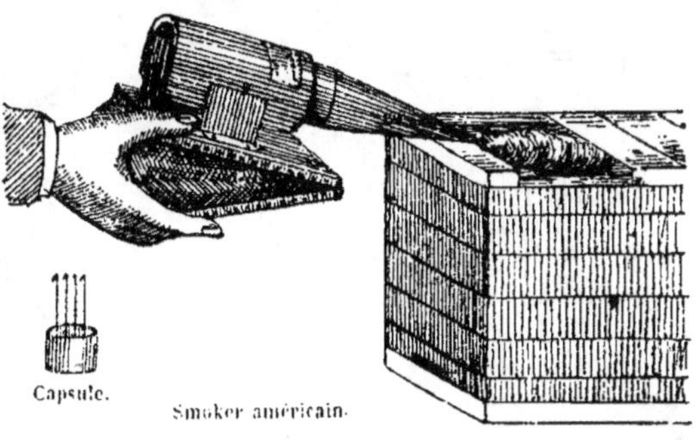

dans la cheminée du smoker à l'aide d'une capsule pourvue de crochets (v. fig.), puis d'y faire passer dessus l'air deux ou trois fois, par la pression du soufflet. Par ce procédé on doit maîtriser les abeilles les plus irritées, et rendre la fumée superflue.

Précautions à prendre contre le pillage. — Pendant la récolte du miel, il ne faut pas exposer au soleil les rayons de miel et ne pas placer devant le rucher les résidus de miel, les ustensiles et les outils englués de miel, car les maraudeuses et les pillardes y seraient attirées en un clin d'œil, et le pillage, une fois en train, pourrait prendre le dessus. C'est à la nuit tombante qu'on donne aux abeilles les résidus de miel, les outillages englués et autres dans des hausses ou dans la ruche même. Durant la nuit, elles ont le temps de nettoyer le tout. L'extraction du miel se fait à une certaine distance du rucher, le mieux dans des chambres closes.

Bon fonctionnement de l'extracteur. — Beaucoup d'apiculteurs se servent au printemps de l'extracteur tel qu'il a passé l'hiver au grenier ou au rucher. Dans ces conditions il ne saurait fournir un bon travail. Avant d'en faire usage, il faut en démonter toutes les parties pour les nettoyer soigneusement. On nettoie avec le même soin toutes les parties frottantes de l'arbre, qu'on graisse ensuite légèrement avec de l'huile d'olive. Sur la circonférence de la roue à friction (devant fonctionner à sec pour éviter le glissement), il faut faire disparaître toute trace d'huile ou de miel, ainsi que sous la cuve ou le porte-rayons qui repose et qui frotte sur la roue. En prenant cette précaution avant et durant le travail, l'extracteur fonctionnera sans bruit et sans difficulté.

Extracteur Bless-Strasbourg.

Beaucoup de personnes commettent la faute, en extrayant du miel, de mettre dans un porte-feuille un rayon tout bondé de miel, et dans l'autre, placé vis·

Extracteur Burghard, Strasbourg.

à-vis, un rayon à peine à moitié rempli de miel. Elles se plaignent alors du ballottement de l'extracteur. Qu'elles tâchent d'égaliser le poids et le contre-poids soit par des rayons de poids égal, soit par l'addition d'une petite planche au rayon trop léger et l'extracteur travaillera à souhait.

Extracteur avec cuve émaillée de M. Louis Zimmermann, de Niederlaasphe, p. Laasphe (Allemagne). — La cuve est tout en fer; son poids empêche tout ballotement. L'intérieur de la cuve est émaillé d'un vernis blanc, ce qui permet de la tenir dans un parfait état de propreté. Le frictionnement se fait sans le moindre bruit sur du caoutchouc qui ne s'use pas. La grande roue, imprimant le mouvement à la petite du tambour, produit une vitesse extraordinaire et une grande force centrifuge (v. fig.).

Maturité et conservation du miel. — Le miel, fraîchement récolté, contient trop d'eau. Aussi les abeilles ne l'operculent-elles pas de suite, pour que l'excédent d'eau puisse s'évaporer sous l'influence de la chaleur de la ruche.

Extracteur Zimmermann.

Pour le préserver de la décomposition et de la fermentation, elles y mettent de l'acide formique qu'elles possèdent dans la vésicule qui se trouve au-dessus de l'aiguillon (v. fig. A). Quand le miel s'est condensé, ce qui arrive au bout de trois à quatre jours, il a la maturité voulue. On l'extrait alors et on le met dans des vases qu'on dépose dans des endroits secs et bien aérés. Dans la première quinzaine, on l'écume de temps en temps pour enlever les petites bulles d'air qui proviennent de l'air qui s'était mélangé au miel pendant l'extraction et qui remonte à la surface. De la sorte on le débarrasse d'un ferment dangereux, tout en lui enlevant son excédent d'eau miellée qui monte également. Pour condenser l'eau miellée et le miel trop limpide, on le fait bouillir avec beaucoup de précaution au bain-marie. Les pots de miel sont fermés hermétiquement à l'aide de vessies de porcs ou avec de la cire fondue, ou de papier de parchemin qu'on humecte bien avant de l'employer. On empêche les fourmis de pénétrer dans les réservoirs à miel en entourant ceux-ci d'une épaisse couche de cendres et en imprégnant celles-ci de pétrole ou de goudron, ou en y brûlant de temps en temps une mèche soufrée, quand les réservoirs peuvent être fermés Quand le miel a tourné, on le fait bouillir au bain-marie en y ajoutant de la craie en poudre. On écume ensuite fortement pour enlever de nouveau la craie et le ferment.

Miels impurs ; manière de les purifier. — Le *Journal des agriculteurs et forestiers allemands* nous a communiqué le procédé suivant : On réduit en poudre un peu grossière 400 grammes de charbon qu'on lave plusieurs fois ; on prend ensuite 3 kgr. de miel et 6 kgr. d'eau qu'on met sur le feu pour les faire cuire pendant 30 minutes avec les charbons pilés. Ensuite on filtre jusqu'à ce que le liquide soit devenu bien clair. Par ce procédé, le miel perd son mauvais goût ou sa mauvaise odeur, et l'on peut s'en servir pour y confire des fruits ou le donner en nourriture aux abeilles.

Manière de distinguer le miel d'abeilles du miel artificiel. — Le meilleur moyen de distinguer le miel d'abeilles du miel artificiel, dit miel de table, est le goût. Toute personne, ayant goûté le vrai miel extrait, saura le distinguer du miel fabriqué, lequel laisse au palais un goût de sucre et d'amidon, sans arôme, tandis que le vrai miel a un goût et un arôme particuliers.

Le miel d'abeilles se cristallise ; le miel fabriqué ne se cristallise pas.

Pour reconnaître mieux encore la falsification, il existe un moyen très simple et à la portée de chacun. On mélange dans une petite bouteille une cuillerée de miel liquide à examiner, avec environ trois cuillerées d'alcool ou d'esprit-de-vin ou même d'eau-de-vie, on secoue fortement le mélange. Après un court repos, le miel artificiel donne un dépôt épais et blanc au fond de la bouteille, tandis que le miel d'abeilles ne donne pas de dépôt. Ce dépôt de miel artificiel provient de l'amidon qui forme sa base de composition.

Élevage des reines. — La prospérité d'une ruche dépend pour la majeure partie de la reine, qu'on appelle pour cette raison «*l'âme de la ruche.*» Si elle manque dans une ruche, ou bien si elle est défectueuse, la colonie va rapidement vers sa ruine. Aussi la tâche principale de l'apiculteur consiste-t-elle à avoir de *bonnes reines* dans toutes ses ruches. Les reines sont bonnes, quand elles sont prolifiques, vigoureuses et sans défaut corporel. La fécondité des reines décline à partir de la troisième année. Il faut par conséquent remplacer sur le rucher toutes les reines qui ont dépassé l'âge de trois ans et toutes celles qui sont défectueuses d'une manière ou de l'autre. A l'époque de l'essaimage on peut remplacer facilement les reines invalides, à l'aide d'alvéoles maternels. N'a-t-on pas eu d'essaims, on tue tout bonnement la reine invalide d'une ruche, et on la remplace par une bonne reine qu'on enlève à une autre ruche qui se distingue par son activité, sa douceur et par d'autres bonnes qualités. Au bout de dix jours cette dernière est à même de fournir plusieurs alvéoles maternels de *bonne race.* La veille on supprime toutes les mères défectueuses pour les remplacer, par les alvéoles disponibles *mais le lendemain seulement.* Cette précaution est de rigueur, pour que les abeilles aient le temps de remarquer la disparition de leur mère et soient disposées à accepter l'alvéole.

Voici comment on s'y prend pour opérer la greffe : A l'aide d'un canif à lame mince et pointue, on coupe en forme triangulaire un morceau de rayon sur lequel se trouve l'alvéole (v. la fig. p. 45). On fait ensuite une ouverture de même forme et de même grandeur dans un rayon, pour y placer l'alvéole, et on suspend le rayon ainsi greffé dans la ruche orpheline, assez près de la vitre, ou juste devant la vitre si la ruche est assez peuplée.

Voici d'autres procédés pour élever des reines:

a) On échange un rayon pourvu d'alvéoles maternels contre un autre rayon de couvain, pris dans la ruche dont la mère est à remplacer. Cet échange se fait sans les abeilles qui, à l'aide d'une plume mouillée, ou d'une petite brosse mouillée, sont balayées dans leurs ruches respectives.

b) On partage un essaim secondaire en autant de petites colonies qu'on y trouve de jeunes reines. On met ces colonies dans autant de petites ruchettes pourvues d'un rayon de miel et de couvain. On dépose ces ruchettes dans une cave obscure jusqu'au soir. On assigne ensuite à chaque ruchette une place isolée sur le rucher ou dans le jardin. Dès que ces jeunes reines sont fécondées, on en dispose pour remplacer les mères défectueuses.

c) A défaut de jeunes reines, on peut donner à chacune de ces petites colonies un morceau de rayon pourvu d'un alvéole maternel pris de la ruche-mère et procéder comme il a été dit plus haut.

d) On enlève d'une forte ruche les abeilles qui font barbe, on les met dans une ruchette sur un rayon de miel et de couvain frais, on les enfume quelque peu et on les transporte à 3 km de distance, sur un second rucher, pour empêcher les abeilles de retourner à leur ruche-mère. Les abeilles ne tarderont pas d'élever des reines.

e) On échange d'une ruche de race italienne ou carniole, ayant essaimé, tous les rayons garnis d'alvéoles maternels, contre autant de rayons à couvain (toujours sans les abeilles) pris des ruches dont les mères sont à supprimer. De la sorte on arrive facilement à propager l'abeille italienne ou carniole sur son rucher.

Ruchette Bastian. — Pour avoir des reines de réserve à sa disposition, on fait bien d'en élever dans des ruchettes spéciales, à partir du 10 mai, quand les bourdons ont fait leur apparition et quand les nuits ne sont plus froides. A cet effet on prend une ruchette à reine, par exemple la ruchette Bastian, qui peut contenir quatre cadres alsaciens. Cette ruchette est divisée en deux compartiments par une planche de séparation qui se trouve au milieu; chaque compartiment a sa vitre, sa portière et son guichet du côté opposé l'un à l'autre. Entre 10 et 2 heures, quand les butineuses sont aux champs, on enlève d'une ruche *de bonne race* un rayon de couvain jeune avec toutes les jeunes abeilles qui s'y trouvent, et on le suspend dans la ruchette à reines; on y balaie encore une bonne poignée de jeunes abeilles de la même ruche, mais non pas la reine. On ajoute encore un rayon contenant du miel et du pollen, et on ferme. Le second compartiment est peuplé de la même manière, avec des abeilles et du couvain pris d'une autre ruche de bonne race. On transporte ensuite la ruchette ainsi garnie dans une cave obscure. Le surlendemain on place la ruchette dans un endroit isolé du jardin ou du rucher. Au bout de dix jours on y trouve des alvéoles maternels prêts à éclore. Du douzième au seizième jour, on a dans la ruchette deux jeunes reines, qui, dès qu'elles sont fécondées, peuvent être introduites dans d'autres ruches. Dès qu'elles sont enlevées, les abeilles se mettent en devoir d'élever de nouvelles reines, avec le couvain que les jeunes mères ont mis à leur disposition, mais qu'on peut remplacer par du couvain de race carniole, italienne ou autre.

Nucléus. — Les Anglais désignent sous le nom de *nucléus* un noyau de colonie, séparé par une planche de partition de la colonie principale et ayant son guichet à part.

Substitution des reines. — « N'ayez que de bonnes reines sur votre rucher », c'est un point capital de l'apiculture rationnelle, qu'on ne saurait assez recommander à tous les novices. Il y a des débutants qui ne se soucient guère de l'âge des mères et qui, chaque fois au retour du printemps, se plaignent d'avoir des ruches orphelines, par suite de la mort de plusieurs d'entre elles. Nous avons souvent remarqué que des mères de trois ans ont recommencé la ponte avec ardeur, à la sortie de l'hiver, et qu'elles sont mortes en mars déjà. Le remplacement des mères invalides se fait facilement en été, durant l'essaimage. Admettons qu'une ruche italienne, dont l'apiculteur désire multiplier la race sur son apier, essaime. Aussitôt que l'essaim est mis sur place, son premier souci sera d'examiner la souche, pour voir si elle possède de beaux alvéoles maternels. S'il en trouve six, huit, dix et même davantage, il a de quoi remplacer les mères invalides de son rucher. Il profitera du moment où la plupart des butineuses se trouvent à la picorée pour rechercher facilement les mères à remplacer. Il les tuera sans pitié, et refermera les ruches pour ne donner à chacune un alvéole maternel que le lendemain. Cet alvéole sera bien accueilli, vu que les abeilles ont eu le temps de s'apercevoir de la disparition de leur mère et de préparer des alvéoles maternels pour se créer une mère supplétive. S'il avait introduit l'alvéole maternel de suite après l'éloignement de la mère indigène, les abeilles l'auraient détruit immédiatement. Elles font un meilleur accueil à un alvéole non operculé ; la larve qui s'y trouve, gagne de suite toutes les sympathies des nourrices. Si la ruche, qui reçoit l'alvéole maternel, possède des abeilles jusque sur le dernier rayon, il le fixera sur le milieu de ce rayon et placera la vitre immédiatement derrière, en faisant attention de ne pas écraser l'alvéole maternel. De cette manière il pourra aisément contrôler la marche de la couvée et connaître le jour de naissance de la jeune princesse. Celle-ci coupe elle-même, de sa double langue, le couvercle de son berceau au moment de son éclosion. Quand l'alvéole introduit a un trou rond à son extrémité, après l'éclosion de la reine (v. fig. page 45), on peut être certain que la jeune reine est née viable. Si, au contraire, l'alvéole est rongé et troué sur le côté (v. fig. page 45), la naissance a avorté. Dès que la jeune reine éclose aura atteint l'âge de cinq à sept jours, elle fera ses excursions nuptiales pour être fécondée. Parfois ces vols de fécondation lui portent malheur ; un oiseau apivore la happe, un coup de vent la précipite dans une flaque d'eau, ou bien elle se trompe de guichet, à son retour au rucher et est massacrée par la sentinelle de la ruche étrangère. Voilà l'inconvénient qu'offre le remplacement des mères invalides par des alvéoles maternels. Néanmoins nous aimons beaucoup employer et recommander ce procédé, vu que les alvéoles maternels, élevés dans des ruches qui essaiment, fournissent les plus belles reines, puisque l'élevage a commencé à partir de l'œuf même, et qu'il y a abondance de nourrices dans ces ruches, pour mener l'élevage à bonne fin.

Toutefois, le remplacement immédiat de la mère caduque par une jeune, déjà fécondée, est de beaucoup préférable, parce que la ponte des œufs continue sans interruption.

Introduction des reines. — Une des préoccupations les plus grandes des novices est l'introduction des reines dans les ruches qu'on veut régénérer. Que de fois n'est-il pas arrivé qu'une belle reine, achetée au poids de l'or, a perdu la vie soit au moment de son introduction, soit au moment de sa libération, ou même deux ou trois jours après seulement. Les novices se perdent alors en conjectures et ne peuvent s'expliquer la cause qui a amené la mort d'une mère qui devait faire leurs délices. Nous avons fait pendant notre longue carrière apicole de nombreuses expériences sur la réussite comme sur la non-réussite de l'opération. Nous les résumons comme suit :

1° *Une colonie qui a des ouvrières pondeuses n'acceptera jamais la reine qu'on lui donne.*

Les abeilles affectionnent les ouvrières pondeuses comme des mères. Il faut donc avant tout débarrasser la ruche de ces ouvrières.

2° Une ruche orpheline pendant un ou deux jours déjà avant l'introduction d'une reine, acceptera celle-ci difficilement.

Les abeilles, dès qu'elles se voient privées de leur mère, deviennent anxieuses sur leur sort. Cependant cette inquiétude ne dure pas longtemps. Elles se mettent à choisir quelques jeunes larves de un à trois jours pour en élever de nouvelles reines. Le choix fait, elles nourrissent avec un soin tout particulier et avec une bouillie plus fortifiante, plus fine, les larves qui ont obtenu leur sympathie et

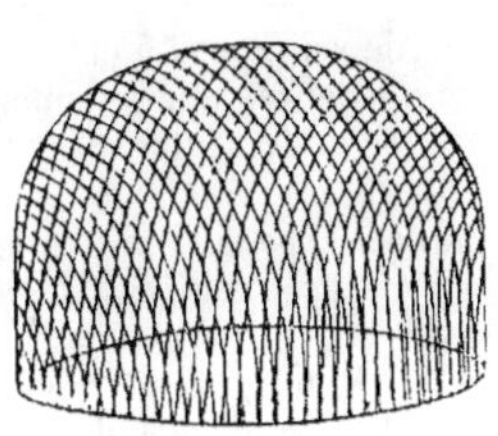

Cage à reine avec bord.

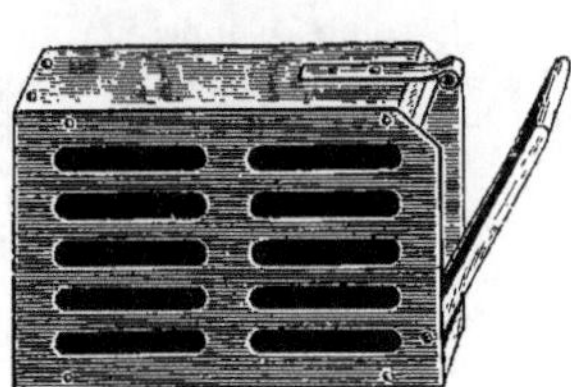

Cage à reine en tôle perforée.

Cage à reine en toile metallique.

n'accepteront que des alvéoles de reines. Elles tuent sans pitié une reine qu'on leur présente.

3° Une ruche, à laquelle on présente une reine sous cage, la laisse facilement mourir de faim, ou la tue, quand elle est libérée.

Pour empêcher l'un et l'autre, il faut que la cage soit placée au-dessus du couvain et sur du miel liquide ou égratigné, pour que la reine puisse se nourrir elle-même aussi longtemps que les abeilles se montrent hostiles à son égard. Ensuite il faut, au moment de la libération, examiner tous les rayons à couvain non operculé, pour voir s'il n'y a pas d'alvéoles maternels ébauchés, constatant que les abeilles ont commencé à élever de jeunes reines. Si ces préparatifs existent, il faut les détruire

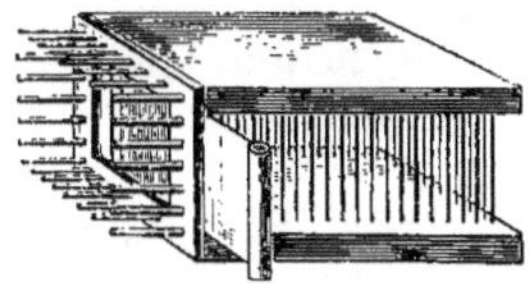

Cage à piège pour surprendre la reine sur le rayon.

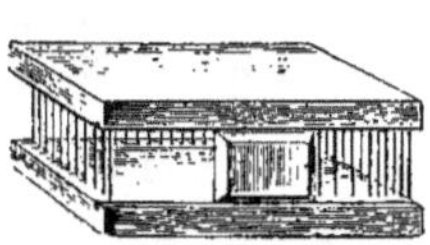

Cage à reine avec tablier.

Cage à reine avec pointes.

et remettre la reine sous cage pendant deux jours. Passé ce délai, il faut vérifier de nouveau, si les abeilles ont recommencé l'édification d'alvéoles maternels. Quand on constate ce fait, il faut recommencer la destruction des alvéoles et remettre encore une fois la reine sous cage pendant deux jours. Ce jeu peut se renouveler trois fois, jusqu'à ce que la ruche ne possède plus de larves âgées de moins de quatre jours, seules capables d'être transformées en reines.

4° Une mère qui n'a pas les allures franches et décidées, qui est peureuse au moment de sa libération, est rarement acceptée.

La mère libérée connaît parfaitement les sentiments de la colonie à son égard. Si elle se montre timide, si elle fuit, si même elle est poursuivie, englobée, saisie aux ailes, aux pattes, au moment de sa libération, on a la preuve certaine que les abeilles ont édifié des alvéoles de reines et qu'elles sont hostiles à la nouvelle mère.

Il va sans dire qu'il faut éviter d'effrayer les reines au moment de leur libération, et de laisser effrayer les abeilles par des pillardes attirées dans la ruche trop longtemps ouverte.

5° *Une ruche dépourvue de couvain, accepte facilement une mère sous cage, fort souvent même une reine qui n'est pas encore fécondée.*

Une colonie qui n'a pas de couvain, ne peut pas élever de jeunes reines ; par conséquent, elle s'attachera facilement à la nouvelle reine qui lui est présentée.

6° *Une ruche acceptera difficilement une mère non fécondée, en échange d'une reine fécondée.*

Mieux vaut remplacer la reine à supprimer par un alvéole de reine prêt à éclore. Pour faire accepter cet alvéole, on l'introduit seulement 12 à 24 heures après l'enlèvement de la reine pour laisser aux abeilles le temps de constater et de sentir la perte de leur mère.

7° *Une reine qui a contracté une odeur désagréable, pendant le voyage, par la présence de cadavres d'abeilles, ou par le contact de doigts englués de jus de tabac ou autres, est rarement acceptée.*

La reine de chaque ruche a une odeur particulière, mais toujours une odeur agréable. De là la répugnance qu'éprouvent les abeilles pour une reine ayant contracté une mauvaise odeur.

8° *Présentez la nouvelle mère en toute liberté aussitôt que l'autre est supprimée, c'est le moyen le plus pratique et le plus sûr.*

A cet effet cherchez la mère à supprimer entre dix et deux heures, quand les butineuses sont au pâturage. Dès que vous l'aurez trouvée, mettez-la sous cage sur le rayon même qu'elle a occupé au moment où vous l'avez surprise. Le soir, quand toutes les butineuses sont à peu près rentrées, enlevez la mère à supprimer, et à l'aide du pulvérisateur ou d'une petite brosse arrosez bien les abeilles d'eau sucrée, assez tiède et aromatisée d'une ou tout au plus de deux gouttes d'essence de menthe par verre à boire, arrosez aussi, mais légèrement, la mère à introduire, avec le même liquide et posez-la sur la place qu'occupait la mère étant sous cage, puis fermez la ruche.

Par ce procédé les abeilles et la mère auront la même odeur, la ponte ne sera pas interrompue et les abeilles n'édifieront pas d'alvéoles maternels, parce qu'elles ne remarquent pas même la disparition de leur mère.

Un autre procédé, moins pénible et bien plus expéditif, consiste à aromatiser la ruche à régénérer avec deux à quatre gouttes d'essence d'Eucalyptus qu'on verse sur le tablier dans l'intérieur de la ruche. On aromatise de même avec une goutte de la même essence la ruchette ou la boîte dans laquelle se trouve la mère à introduire. Si la ruchette ou la boîte est malpropre, puante, il va sans dire qu'on loge d'abord la mère avec ses compagnes dans une boîte propre (v. aussi l'article « La naphtaline au service de l'apiculture » page 59).

Le lendemain les abeilles, habitant la ruche et la boîte aromatisées, auront la même odeur, mais une odeur agréable et très prononcée. Après avoir enlevé la mère défectueuse, on introduit la jeune, qu'on englue légèrement de miel pour l'empêcher de se faire reconnaître par des allures trop précipitées et pour engager les abeilles à la lécher et à la rassurer dans son nouveau logement.

9° Un autre procédé, dont la réussite est certaine aussi, consiste à balayer la colonie qu'on vient de priver de sa mère, dans une *habitation vide*, de l'asperger d'eau sucrée et de lui donner la nouvelle mère aspergée pendant le tumulte. Quand le calme commence à se rétablir, on remet la colonie dans sa ruche. Si cette opération se fait avec une ruche qui a du couvain, il est nécessaire de mettre provisoirement ce couvain dans une autre ruche peuplée, pour le rendre après la manipulation à sa colonie.

Nota. Nous ne conseillons pas aux novices d'avoir recours aux asphyxies momentanées des abeilles. Certains apiculteurs emploient l'anesthésie développée par les inhalations du salpêtre, de la vesse-de-loup ou du chloroforme. Ce sont des procédés qui peuvent amener un sommeil sans réveil, quand ils ne sont pas bien exécutés.

Bonne spéculation. — Les essaims primaires emportent, au moment de l'essaimage, des provisions qui suffisent pour quelques jours. Si la nature offre d'abondantes miellées et un temps favorable, on peut se dispenser de nourrir les essaims. Mais si le temps devait se mettre à la pluie pour quelques jours, ou si une bonne récolte devait manquer, il faut absolument nourrir les jeunes colonies à partir du troisième jour, avec du miel délayé dans l'eau ou avec du sirop de sucre. Ce nourrissage doit se faire pendant quinze jours au moins; plus les bâtisses avancent, plus les doses de nourriture doivent être fortes. *Nourrir les essaims, c'est faire une bonne spéculation.* Les essaims secondaires et tertiaires n'emportent guère de provisions; aussi

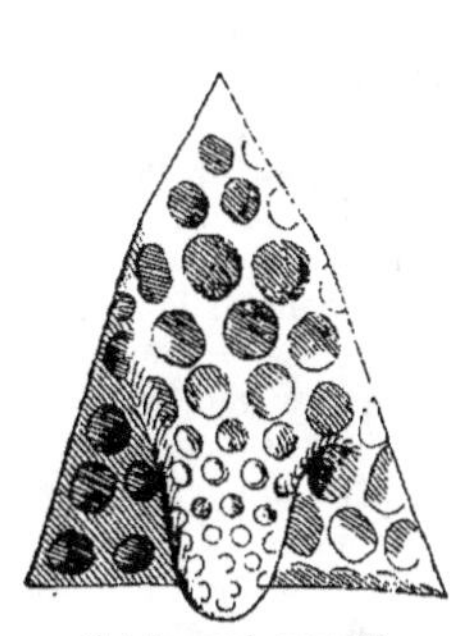

Alvéole royal operculé.

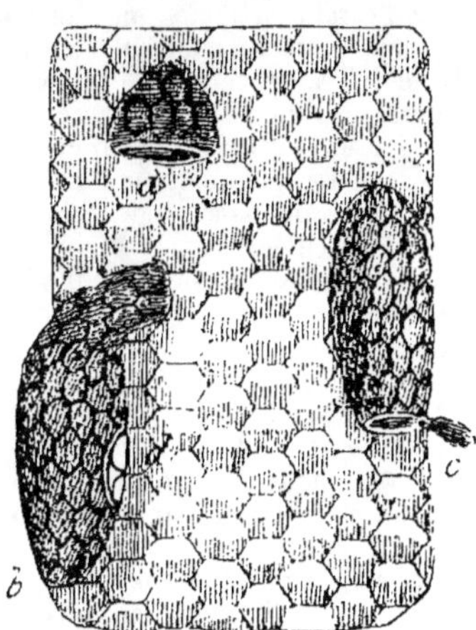

meurent-ils facilement de faim, quand ils ne peuvent exploiter des miellées. Ils demandent par conséquent à être surveillés de près.

Visite des souches et des essaims secondaires. — Les souches et les essaims secondaires, ayant des reines qui ont besoin d'être fécondées à l'air libre, sont soumis à une visite minutieuse dans la seconde quinzaine après l'essaimage, pour s'assurer si les reines sont revenues saines et sauves de leur course nuptiale. Parfois une hirondelle, un rouge-queue les gobe, ou bien elles tombent dans une toile d'araignée, dans une flaque d'eau; quelquefois aussi elles se trompent de ruche en rentrant, et sont tuées par les sentinelles des ruches voisines. Pour les empêcher de s'égarer facilement, on donne aux guichets et aux ruches des couleurs ou des formes différentes.

Traitement des ruches orphelines. — S'aperçoit-on que la mère manque dans une ruche, on lui donne soit une mère de réserve, soit un alvéole maternel (v. fig.), ou à défaut de l'un et de l'autre, un rayon avec du couvain de tout âge. On surveille cette ruche jusqu'au moment où la jeune mère a commencé une ponte régulière. Les essaims secondaires qui, trois semaines après l'essaimage, n'ont pas encore de couvain, doivent être réunis aux ruches voisines.

Méthodes simples de guérir les ruches bourdonneuses. — Pour guérir une ruche devenue bourdonneuse par suite d'une mère défectueuse, on n'a qu'à remplacer cette mère par une autre se trouvant dans de bonnes conditions. A défaut de mère, on lui donne un rayon avec du couvain de tout âge, mais sans les abeilles qui, à l'aide de la brosse mouillée, sont rendues à la ruche-mère.

Une méthode simple et facile de guérir une ruche bourdonneuse, ayant des ouvrières pondeuses à la place d'une mère normale, consiste à prendre une caisse vide, à placer sur le tablier un morceau de naphtaline, à y suspendre entre 10 et 2 heures, quand on est sûr de n'avoir presque rien que de jeunes abeilles sur les rayons (les butineuses étant dehors), un rayon d'une autre bonne ruche avec du couvain de tout âge et avec les jeunes abeilles qui s'y trouvent, à y ajouter ensuite un rayon vide et à placer cet essaim artificiel dans un endroit bien sombre, à la cave par exemple. Durant la nuit les jeunes abeilles, se sentant orphelines, choisissent quelques larves pour en élever des reines. Le lendemain ou le surlendemain on les met avec la caisse à la place de la ruche bourdonneuse qui a été naphtalinisée en même temps que l'essaim artificiel, on transporte ensuite la ruche bourdonneuse à une trentaine de pas du rucher pour en balayer les abeilles sur le gazon ou sur une grande nappe. Celles-ci retourneront au rucher et se joindront à la jeune population[1]), à quelques-unes près, que l'on tue, parce qu'ordinairement la reine défectueuse ou les ouvrières pondeuses se trouvent parmi ces dernières. On détruit ensuite le couvain des bourdons avec une fourchette et on donne les rayons à la nouvelle ruche. Il va sans dire que, si l'on avait dans une autre ruche des alvéoles maternels en construction ou déjà operculés, on les emploierait pour guérir la ruche bourdonneuse au lieu d'en faire élever d'abord, puis on procéderait comme ci-dessus. Trois autres procédés consistent: 1° à prendre d'une ruchette à reines un rayon de couvain avec les abeilles et la mère, à les suspendre dans la caisse vide qu'on met à la place de la bourdonneuse, à transporter celle-ci à trente pas du rucher et à procéder ensuite comme ci-dessus; 2° à enlever d'une ruche, possédant une vieille mère dont on veut se défaire, un rayon de couvain avec les abeilles et la mère, et en suivant toujours le même procédé; au bout de neuf jours, on enlève la vieille mère pour la remplacer, après vingt-quatre heures, par un des alvéoles maternels que possède à présent la ruche dont on avait pris la vieille mère; 3° à mettre à la place de la bourdonneuse, entre 10 et 2 heures, quand les butineuses travaillent bien, une ruche normale, ayant sa mère, de balayer les bourdonneuses, comme il a été dit plus haut, de mettre une caisse vide à la place de la ruche normale et recevant de celle-ci un rayon de couvain de tout âge avec toutes les abeilles qui s'y trouvent. Toutes les butineuses de la ruche déplacée viendront se joindre à ce petit essaim artificiel, qui s'empressera de se procurer une reine, si on ne peut pas lui donner une mère de réserve.

Purification de la cire. — Pour les petites exploitations il suffit de se procurer un cérificateur solaire pour purifier la cire. Cet appareil est fort simple ; il se compose d'une petite caisse, ayant la forme d'un pupitre dont le couvercle est remplacé par une grande vitre. — Dans le milieu du pupitre, qui peut avoir une longueur de 50 centimètres sur 40 de largeur et une hauteur de 10 centimètres par devant et de 30 par derrière, on fixe une plate-forme inclinée qu'on couvre d'un fer-blanc, qui joint hermétiquement avec les deux côtés du pupitre et aboutit par devant à une augette en fer-blanc de même largeur. Pour empêcher le glissement des débris, on soude au bas de la plate-forme des bouts de fils de

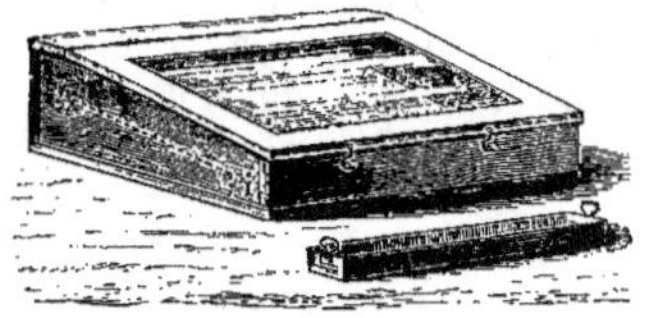

Cérificateur solaire.

[1]) On emploie le même procédé avec des ruches orphelines depuis quelque temps déjà et s'obstinant à élever des alvéoles maternels, malgré le couvain frais qu'on leur a donné.

fer galvanisé de 3 à 4 centimètres de longueur, espacés entre eux de 2 à 3 millimètres. On place les vieux rayons et les débris de cire sur le fer-blanc, et on expose
le cérificateur aux rayons du soleil. Au bout d'une heure, la cire fondue coule
dans l'augette. Quand on s'aperçoit que l'écoulement se ralentit, on retourne le
marc avec une lame à couteau à désoperculer ou autre; on le rassemble et on le
presse un peu pour qu'il achève de s'épuiser. Après l'opération, on lave la plateforme avec un peu d'eau bouillante, qu'on recueille dans le réservoir pour l'y laisser refroidir; la cire surnagera.

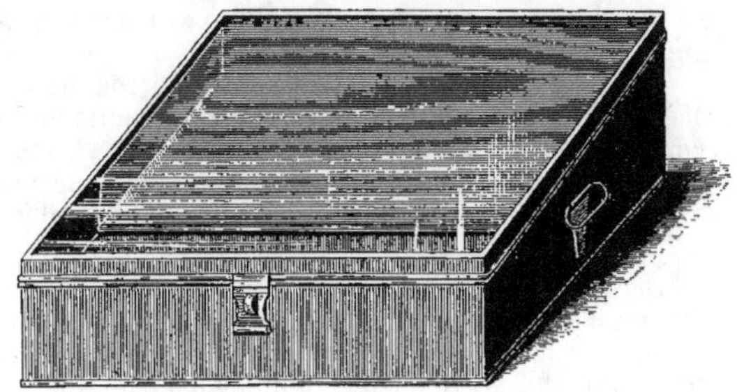

Cérificateur solaire en fer-blanc de M. Bless, Strasbourg.

Cérificateur Dietrich. — Avant l'invention du cérificateur solaire j'ai fait fondre la cire de diffé-rentes manières. Cependant aucun des appareils employés ne réussit à me satisfaire. Je fis ensuite construire un cérificateur solaire; quoique cet appareil me
plût d'abord beaucoup, je ne tardais pas à constater qu'on ne réussit pas à extraire
toute la cire.

L'hiver dernier, je fis aussi l'essai du cérificateur à vapeur de M. Dietrich
d'Esslingen (Wurttemberg).

Les restes de cire que, pendant l'été, j'avais déjà fait fondre en partie au

Cylindre.　　　　Cérificateur Dietrich.

moyen du cérificateur solaire, fournirent encore une quantité de cire fine et pure
et le résidu dans le cylindre n'en contenait plus aucune trace. Encouragé par
ce succès, je cherchais ce qui me restait des fontes que j'avais faites les années

précédentes à l'aide du cérificateur solaire, environ 3 kgr., qui me donnèrent encore 1,900 kgr. de cire pure. Ceci est une preuve indéniable que l'appareil de M. Dietrich doit avoir la préférence et que dans une exploitation apicole tant soit peu importante, on ne tardera pas à rentrer dans les frais qu'occasionne son acquisition.

Sa construction est la suivante:

Dans un bassin en fer blanc assez grand, qui s'adapte facilement à toutes les ouvertures d'un foyer, on a introduit un cylindre dont le fond s'embouche en forme d'entonnoir dans un tuyau d'écoulement.

Dans ce cylindre qui a tout autour de son bord supérieur des ouvertures, est placé un deuxième cylindre percé de trous sur toute sa surface, et qui est destiné à recevoir les rayons dont on veut fondre la cire. L'appareil est rempli d'eau jusqu'à la partie supérieure de la vitre d'observation. De même qu'on extrait la cire, on peut aussi employer cet appareil à extraire du miel cristallisé dans les rayons.

L. Parrang.

Aération. — Pendant la saison des chaleurs, il faut avoir soin de procurer suffisamment d'air aux ruches. A cet effet on ouvre entièrement les guichets qui, pour les grandes ruches, doivent avoir au moins 20 cm de longueur sur 8 mm de hauteur. Une aération qui provoque des courants d'air n'est nullement recommandable, puisqu'elle exerce une influence fâcheuse sur le couvain. L'évaporation de la ruche inférieure se fait facilement et sans danger par les rehausses (magasins à miel), si celles-ci ne ferment pas hermétiquement ou sont pourvues d'une petite ouverture en toile métallique.

Abri contre les rayons brûlants du soleil. — Pendant les grandes chaleurs, les rayons du soleil ne doivent pas directement atteindre les ruches. Non seulement les abeilles en souffrent, mais aussi leur ardeur diminue sensiblement, et parfois même leurs édifices s'écroulent.

Destruction des fourmis. — Plusieurs moyens peuvent être employés pour se débarrasser de ces hôtes incommodes:

1° On met une couche de cendres ou de plâtre en poudre entre les vitres et les portières ;

2° On mouille leurs passages avec du pétrole ou du phénol, dont elles ne peuvent supporter l'odeur ; on répète cette opération ;

3° On les attire avec de l'eau sucrée dans des vases à goulot, d'où elles ne peuvent plus sortir ; ces vases sont inclinés du côté des passages des fourmis;

4° On place des assiettes garnies de chiffons englués de lard, dont elles sont friandes, qu'on jette ensuite dans de l'eau chaude, quand elles en sont couvertes;

5° On place sur leurs passages des assiettes, dans lesquelles on verse de l'eau sucrée, mélangée de soude; l'absorption de ce liquide les fait mourir ;

6° On imbibe d'eau sucrée des éponges qu'on trempe ensuite dans de l'eau chaude, quand elles sont couvertes de fourmis ;

7° On recherche leurs nids, sur lesquels on verse de l'eau bouillante et lessivée avec des cendres pour les tuer en masse.

Août.

Récoltes d'automne. — Dans beaucoup de contrées, les miellées des conifères, les prés, le trèfle blanc, le mélilot, le sarrasin, la bourrache, le réséda, la bruyère, etc., fournissent encore d'abondantes récoltes aux abeilles.

Jeunes abeilles. — Durant les miellées d'automne, les ruches reprennent une nouvelle vigueur; elles se remplissent de miel et, ce qui vaut mieux encore, elles se repeuplent de jeunes abeilles, bien vigoureuses. Celles-ci sont d'une grande importance pour le bon hivernage des ruches. En effet, les vieilles abeilles succombent plus facilement aux rigueurs de l'hiver, et quand la mère recommence la ponte, elles sont incapables de remplir les fonctions de nourrices, vu que leurs glandes salivaires sont desséchées, ce qui n'a pas lieu chez les jeunes.

Reproduction stimulante de couvain. — Dans les cantons qui, à partir de la moisson, n'ont plus de récoltes à offrir aux abeilles, le couvain diminue de jour en jour, parce que les abeilles nourrissent moins bien la mère, ce qui arrête peu à peu la fécondité de son ovaire. Aussi fin août les ruches n'ont plus de couvain et se dépeuplent rapidement. Si l'apiculteur les réunit plus tard pour obtenir de fortes populations, en vue de l'hivernage et des récoltes précoces du printemps, il n'atteint pas son but, parce que les vieilles abeilles qu'il a réunies, sont décimées ordinairement durant la saison froide. Les apiculteurs, connaissant leur métier, réunissent déjà en août leurs populations faibles et les nourrissent ensuite d'une manière spéculative pour provoquer une nouvelle ponte. Ce nourrissement stimulant consiste à suspendre tous les quatre ou cinq jours, entre la vitre et la portière, un rayon rempli en tout ou en partie de miel. Ce miel est d'abord désoperculé avec la herse ou avec une fourchette, et s'il est trop granulé, on plonge le rayon pendant une minute dans de l'eau chaude ; les abeilles le transportent alors avidement dans le siège d'hiver. Si les rayons de miel font défaut, on n'a qu'à nourrir à petites doses avec du sirop de sucre blanc ou de sucre candi.

Réunion des populations. — Quand on veut réunir des ruches, voisines l'une de l'autre, on met dans leur intérieur, sur le tablier, pendant 48 heures, un peu de musc ou d'essence d'Eucalyptus ou mieux encore un morceau de naphtaline pour communiquer à chacune d'elles la même odeur, afin de prévenir toute bataille. Avant la réunion, on éloigne l'une des mères, la plus caduque, puis on arrose légèrement les abeilles avec de l'eau sucrée et l'on suspend les rayons pêle-mêle dans la caisse qui doit les recevoir. Par précaution on peut enfermer la mère dans une cage pendant un ou deux jours (voir le guide de mars). Les ruches qui ne sont pas voisines l'une de l'autre, sont réunies en employant du boviste, de l'éther, du chloroforme ou du salpêtre. Ces opérations cependant ne sont pas faciles à exécuter, car une dose de trop peut causer la ruine des populations à réunir. Aussi nous conseillons aux novices d'employer plutôt le moyen suivant : Veut-on réunir deux populations, placées sur deux banquettes différentes ou à distance l'une de l'autre, on enlève successivement, à huit jours d'intervalle, les rayons à couvain (sans les abeilles) à la ruche la plus faible pour les donner à l'autre qu'on veut hiverner. De cette manière la ruche à supprimer s'affaiblit au point, qu'au bout de quelque temps il ne lui reste plus que peu d'abeilles. On balaie ensuite ces abeilles sur le gazon, à quelque distance du rucher, pour les laisser s'envoler dans la ruche voisine. À celle-ci on enlève, en compensation, un rayon de couvain, pour le donner encore à la ruche renforcée successivement par le couvain de la ruche supprimée.

Mères valides pour l'hivernage. — A la révision d'automne, il ne faut pas conserver de mères qui ont fait trois campagnes, car souvent leurs forces et le sperme mâle, dont a été rempli leur vessie copulatrice, lors de la fécondation, sont épuisés. Ces mères meurent facilement en hiver et leurs ruches sont perdues pour la campagne suivante. Parfois il y a aussi des jeunes mères qui sont défectueuses, et qui, pour cette raison, sont à supprimer. On a une preuve certaine de la fécondité et de la validité voulues d'une mère, quand, au mois d'août, on trouve dans sa ruche des plaques de couvain bien serré, qui n'ont pas de lacunes et qui ne sont pas parsemées de couvain bosselé.

Transport des ruches dans la bruyère. — Les apiculteurs qui se trouvent à peu de distance de terrains couverts de bruyère et qui ont de la facilité à y transporter les ruches, ne doivent pas négliger de le faire. Quinze jours de beau temps suffisent pour permettre aux abeilles de faire de belles récoltes. Le transport des ruches se fait le mieux vers le soir. Pour prévenir tout accident, soit en chemin de fer, soit sur barque ou en voiture, il faut bien clouer les parties mobiles de la ruche, telles que les tabliers, les couvercles et les portières. Mieux vaut un clou en plus qu'en moins. Par l'agitation des abeilles, il se développe une grande chaleur dans la ruche. Aussi faut-il donner beaucoup d'air aux abeilles par le haut durant le transport. On enlève, sinon tout le couvercle de la ruche, du moins une ou deux parties pour les remplacer par un châssis de toile métallique dont le tissu n'est pas trop serré. Rien ne calme mieux les abeilles que l'obscurité. Pour cette raison, on recouvre les ruches, durant le transport, d'une toile ou d'une bâche, sans cependant intercepter l'accès de l'air. En donnant suffisamment d'air par le haut on fait bien de boucher les guichets. Les abeilles restent plus calmes durant le voyage. On n'attelle les chevaux que quand les abeilles sont sur la voiture ; on les dételle avant de décharger (v. l'article « Manière d'emballer et de transporter les ruches », p. 73).

Précautions contre le pillage après les récoltes. — Si, par l'effet de la sécheresse ou par le manque de ressources mellifères, les miellées cessent subitement, les abeilles se sentent très portées au pillage. L'apiculteur sera sur ses gardes ; il rétrécira les guichets et, en cas de besoin, il ne visitera les ruches que de grand matin ou vers le soir ; il supprimera en outre les ruches orphelines, parce qu'elles ne résistent pas aux pillardes et aux maraudeuses, et que, une fois pillées, le danger est bien plus grand pour les ruches voisines qui sont assaillies à leur tour, avec bien plus de violence, par les voleuses enhardies de leurs premiers succès.

Piqûres d'abeilles. Remèdes. — La piqûre d'une abeille cause une douleur assez vive et produit dans la suite une enflure plus ou moins étendue. On indique mille remèdes qui doivent en neutraliser les mauvais effets. Le meilleur, à mon avis, c'est d'enlever l'aiguillon le plus vite possible, en grattant avec l'ongle sans presser sur la vésicule à venin qui est restée dans la plaie et, quand on peut, de sucer fortement la plaie, ou de la presser entre deux doigts, pour en faire couler le venin avec une ou deux gouttelettes de sang. Plus l'aiguillon reste dans la plaie, plus il y a du venin qui y pénètre et plus la douleur est forte. L'aiguillon est creux et communique avec une vésicule remplie d'acide formique qui est un venin fort subtil. Pour combattre la douleur que produit la piqûre, on frictionne la plaie avec des feuilles de persil, d'oseille, de poireau, de lierre, ou avec un peu d'alcali volatil, de vinaigre, de jus de tabac, d'oignon ; souvent même un peu de salive suffit déjà. Pour empêcher l'enflure de se produire, on couvre la partie souffrante de terre fraîche ou de compresses froides. Quand des animaux ont reçu beaucoup de piqûres, on leur donne un bain froid, ou bien on les arrose d'eau froide. Il y a des personnes qui prétendent qu'il n'y a rien de mieux que le lavage avec du lait pour faire diminuer promptement les enflures provenant de piqûres d'abeilles. On recommande aussi l'eau de javelle.

Tout mouvement brusque que l'on fait devant le rucher effarouche facilement les sentinelles, et plus on gesticule des mains ou avec le mouchoir pour se débarrasser d'une abeille en colère, plus celle-ci s'irrite et s'obstine à piquer son adversaire. Quand on est entouré d'abeilles qui font entendre un son sec et aigu, ce qui prouve qu'elles sont irritées, le meilleur moyen de s'en délivrer, est de se baisser doucement et de se cacher la figure avec les mains, puis de gagner à petits pas un endroit sombre ou ombragé. Aussitôt les abeilles cessent leur poursuite et se retirent. — Les butineuses sont inoffensives ; aussi ne faut-il pas avoir peur des abeilles qui volent aux champs pour butiner, ni de celles qui en reviennent chargées de miel et qui se placent souvent sur les mains, sur les vêtements, ou même sur le nez des passants pour se reposer un instant. Ce n'est qu'à leur corps défendant que les abeilles piquent, quand elles sont au pâturage, ou, quand elles sont attirées dans les chambres d'habitation par l'odeur des sirops de sucre, des confitures ou des compotes qui s'y trouvent.

Elles sont fort timides, quand elles vont à la picorée, et se laissent chasser comme des mouches, quand elles voltigent de fleur en fleur. Même au rucher elles ne piquent que rarement les personnes qu'elles ont l'habitude de voir souvent. On a constaté que les abeilles qui se trouvent dans des endroits isolés et éloignés de toute habitation, sont bien plus irritables que celles qui voient journellement circuler du monde à proximité du rucher.

Un bon apiculteur est rarement piqué, non pas que les abeilles le connaissent, mais par la simple raison qu'il a étudié leurs mœurs, leurs allures, leurs sensations, et qu'il évite tout ce qui peut les exciter à la colère. Il sait :

1° Que lorsqu'il se place devant la ruche pour y faire une opération, les gardiennes se précipitent sur lui pour l'en chasser, et que leurs cris d'alarme sont entendus de leurs sœurs qui viennent en foule pour se jeter sur l'ennemi présumé ;

2° Que s'il surprend à l'improviste les abeilles par la porte de derrière et qu'il projette aussitôt quelques bouffées de tabac dans la ruche, elles sont effrayées et ne songent qu'à se gorger de miel, croyant mettre de la sorte leurs provisions en sûreté ;

3° Qu'elles sont inoffensives, quand elles ont leur jabot plein de miel ;

4° Qu'une colonie qui se montre fort douce le matin, peut être très irritée dans l'après-midi, par suite d'une chaleur accablante ou d'une atmosphère surchargée d'électricité ;

5° Que, dans ce cas, il faut remettre les opérations à un moment plus opportun ;

Apiculteur masqué.

6° Qu'une haleine forte, sentant le vin, l'eau-de-vie, qu'une odeur désagréable, qu'une peau en transpiration les met en mauvaise humeur ;

7° Que les ouvriers qui travaillent tout près du rucher sont exposés à leurs piqûres, dès qu'ils commencent à transpirer ;

8° Que, pour cette raison, on fait bien de masquer leur figure avec un tulle noir (v. fig.) ;

9° Qu'en les brossant avec des plumes ou brosses mouillées et de haut en bas, elles sont bien plus inoffensives, que quand on les balaie de bas en haut et avec des plumes ou des brosses en soies non mouillées ;

10° Qu'en les manipulant avec des gants glacés ou de laine, elles y enfoncent volontiers leur aiguillon ; mieux vaut pour les débutants ou les dames des gants de coton, assez épais, une ou deux paires l'une sur l'autre.

11° Qu'en se plaçant devant leur vol, tête nue, elles se faufilent souvent dans les cheveux, où elles s'empêtrent, ce qui les irrite et les porte à piquer sans aucun pardon ;

12° Que l'heure la plus propice pour les opérations est celle où les butineuses sont occupées aux champs à exploiter de riches miellées.

Il sait, en outre, que l'odeur des chevaux et des chiens les irrite facilement, que par conséquent il faut empêcher ces bêtes de s'approcher des ruchers.

Septembre. — Octobre.

Révision d'automne. — Dès le commencement de septembre il faut faire une révision complète de toutes les ruches et les arranger de manière qu'elles puissent bien passer l'hiver. *Le bon hivernage est le couronnement de l'art apicole.* Une ruche hiverne généralement bien, quand elle se trouve dans les cinq conditions suivantes, savoir, quand elle possède :

1° *Une mère valide.* Une colonie ne sera prospère et ne fournira de bons rendements durant la campagne prochaine, que quand elle possède une mère valide et féconde. Les mères défectueuses sont donc à supprimer et à remplacer à la révision d'automne, quand on a négligé de le faire plus tôt. Si, à la suite de réunions, on dispose de plusieurs mères, il faut donner la préférence à celles qui sont les plus jeunes, les plus sveltes et les plus grandes. Quand on ne connaît pas leur âge, on choisit les plus velues et les plus alertes. Une mère, ayant pondu pendant trois campagnes successives, ne possède plus beaucoup de sperme mâle dans sa vessie copulatrice et risque de devenir bourdonneuse, ou même de mourir d'épuisement, quand elle recommence en hiver la ponte. Les jeunes mères valides reprennent avec ardeur leurs fonctions et stimulent par là l'activité de la colonie entière.

2° *Une forte population, surtout beaucoup de jeunes abeilles.* Pendant les récoltes de l'arrière-saison, il ne faut pas restreindre la ponte de la mère, ce qui a lieu quand, à l'aide de la tôle perforée, on réduit le nid de couvain pour ne laisser à la disposition de la mère que 2 à 3 rayons, ou même quand on l'emprisonne dans une cage pendant 10 à 15 jours. Bien au contraire, il faut lui laisser libre cours sur 11 à 12 rayons, l'équivalent de 63,000 alvéoles. Plus la ruche possède d'abeilles écloses en août et en septembre, mieux cela vaut.

Les fortes populations résistent facilement aux rigueurs de l'hiver et produisent de bonne heure beaucoup de couvain ; les faibles au contraire ne possèdent pas suffisamment de chaleur ; elles se voient obligées de se mettre souvent en bruissement pour produire de la chaleur artificielle ; mais plus elles sont en mouvement, plus la consommation devient forte et accumule des ordures dans leurs intestins, ce qui leur donne facilement la dyssenterie. On estime qu'une ruche est assez populeuse pour la mise en hivernage, quand ses abeilles garnissent bien 6 rayons ; si elles en occupent davantage, cela vaut encore mieux. Les colonies faibles doivent être réunies (voir « Réunion des populations faibles », page 21). Quand on veut disposer au printemps prochain d'une ou de plusieurs mères de réserve, on conserve une ou deux ruches faibles, provenant d'essaims secondaires, qu'on hiverne dans un local tempéré, obscur, sec et tranquille, ou dans le compartiment supérieur d'une ruche, ayant servi de magasin à miel.

3° *Des bâtisses chaudes et tout achevées.* Des essaims tardifs n'arrivent pas toujours à achever complètement leurs rayons. A la révision d'automne, il faut compléter les bâtisses non achevées, soit en y ajoutant des morceaux de rayons, soit en faisant de deux rayons non achevés un rayon complet. S'il y a des espaces vides en-dessous du groupe ailé, le froid s'y loge et nuit beaucoup aux abeilles. Des rayons blancs sont plus froids et plus humides que ceux qui sont d'un brun foncé. Les rayons à grands alvéoles qu'on trouve dans les nids de couvain, sont suspendus derrière les vitres pour être enlevés plus tard, quand les abeilles en ont transporté le miel dans le siège d'hiver. Ce siège doit se composer tout au plus d'autant de rayons que les abeilles peuvent en couvrir. Il va sans dire qu'une population exubérante demande plus de place qu'une moyenne. Les magasins mobiles sont enlevés, autrement la chaleur de la ruche y monterait en hiver, ce qui refroidirait le siège d'hiver. Les magasins fixes sont dégarnis de leurs rayons et bourrés de paille, de regain ou de mousse.

4° *Des provisions d'hiver suffisantes et saines.* La consommation des abeilles est très minime à l'entrée de l'hiver, surtout quand on a soin d'abriter les ruches contre les rayons du soleil, contre les vents glacials et contre tout ce qui peut les troubler dans leur repos. Néanmoins il faut leur laisser des provisions suffisantes qu'on estime à 12 et même 15 kgr., par ruche, selon la force de la colonie. Ces provisions doivent se trouver au siège d'hiver. Les abeilles ont soin de les mettre à la partie supérieure des rayons, où se concentre la chaleur de la ruche. Si ces provisions

sont granulées et desséchées, les abeilles ne peuvent guère les consommer en hiver,
et fort souvent on trouve des colonies mortes de faim et de soif avec une pareille
nourriture. Aussi on fait mieux de désoperculer, à l'aide d'une fourchette ou d'une
herse, des rayons de miel granulé, pour les plonger ensuite dans de l'eau bien tiède
et les suspendre, le soir, derrière la vitre de la ruche. Durant la nuit les abeilles
transportent alors le miel au siège d'hiver. Le lendemain on plonge de nouveau
les rayons qui contiennent encore du miel granulé dans de l'eau chaude pour les
redonner aux abeilles à la nuit tombante. Le miel de la plaine, provenant des fleurs
des arbres, des prés, des champs et des forêts, est la nourriture la plus saine pour
l'hivernage, surtout si les sorties sont rares en hiver.

Les miellées de sapin, de pin, de bruyère, de chêne et d'érable fournissent
des provisions d'hiver qui donnent facilement la diarrhée, si les abeilles ne peuvent
pas sortir de temps en temps pour se vider. C'est
pour cette raison que beaucoup d'apiculteurs ex-
traient ces miels et les remplacent par des sirops
de sucre blanc ou de sucre candi qui conviennent
mieux aux abeilles pendant la mauvaise saison.

Le meilleur sucre blanc, devant servir au nourrissage des abeilles, est celui qui est le moins chargé
des compositions qui ont été employées pour sa
fabrication. Il y a du sucre en pains qui contient
une quantité de bleu. Ce sucre ne vaut rien pour
le nourrissage des abeilles. Que l'apiculteur recherche un sucre blanc, sec et brillant, présentant
des grains étincelants, ou bien qu'il se procure du
sucre brut cristallisé. Ce sucre n'a pas subi de préparation chimique, et convient, pour cette raison,
très bien aux abeilles. Les cassonades jaunes, brunes, blanchâtres ou même blanches,
renferment une foule de matières étrangères et sont les rebuts des fabriques. C'est
assez dire qu'il faut éviter d'en faire usage pour nourrir les abeilles. Il en est de
même de la glucose et de la lévulose tirées d'une multitude de corps par toutes sortes
de procédés chimiques qu'il faut redouter pour les abeilles.

Nourrisseur à cheminée.

On prépare les sirops d'automne de la manière suivante: On verse dans une
bassine cinq litres d'eau avec 7 kgr. de sucre cassé ou en grain (soit: eau 1000,
sucre 1500); on chauffe sur un feu modéré jusqu'à ébullition, on écume bien et, au
bout d'une demi-heure, le sirop est fait. Il est bon d'ajouter à ces sirops un peu
d'acide salicylique comme préservatif contre la loque. (Une pincée par litre qu'on
dissout dans un verre d'eau tiède pour l'ajouter au sirop.) Les glucoses des pommes
de terre et des blés, contenant de l'acide sulfurique, sont nuisibles aux abeilles.

Le nourrissement d'automne, ou pour mieux dire l'approvisionnement d'hiver
doit se faire avant l'arrivée des froids et dans le plus court espace possible. On
donne des portions de un, deux et même trois litres à la fois, chaque soir, et cela
sans discontinuer jusqu'à ce que les ruches soient approvisionnées suffisamment. Le
nourrissement à petites doses provoque une nouvelle couvée qui consomme la nourriture au fur et à mesure qu'elle est donnée. Compléter en automne les provisions
d'une population faible est une dépense inutile de temps et d'argent; le plus souvent
elle succombe avant l'arrivée du printemps. Pour le nourrissage d'automne nous
recommandons les nourrisseurs à cheminée (v. fig.) qui se posent sur l'ouverture du haut de la ruche, de manière que la cheminée établisse une communication entre la ruche et le nourrisseur. Autour de la cheminée, on place des
morceaux de vieux rayons pour empêcher les abeilles de se noyer dans le sirop.
A l'aide d'un petit entonnoir, qu'on enfonce dans le tuyau extérieur du nourrisseur,
on y verse tous les soirs le sirop. Nous recommandons pour le même usage le

nourrisseur Parrang, dont on peut mettre deux bouteilles à la fois dans l'intérieur de la ruche, après avoir réduit le siège d'hiver au strict nécessaire. Quand il s'agit de nourrir beaucoup de ruches, ce qui demande beaucoup de peine et de temps, on fait mieux de nourrir, sur dix ruches, par exemple, les deux ou trois plus populeuses, d'enlever à celles-ci les rayons au fur et à mesure qu'ils sont remplis et operculés pour les donner aux autres ruches nécessiteuses. Il va sans dire que les rayons operculés, ainsi enlevés, sont toujours remplacés par des vides, jusqu'à ce que le nourrissage soit terminé. Le nourrissement partiel des ruches évite une surexcitation générale au rucher, ce qui parfois amène le pillage. De plus, les populations plus ou moins faibles n'operculent plus le sirop. Celui-ci tourne alors à l'aigre durant l'hiver et provoque la dyssenterie.

Pollen. — Comme les abeilles ont à nourrir du couvain dès janvier déjà, il faut veiller à ce que le pollen ne leur fasse pas défaut. Les abeilles amassent avidement cette matière azotée qui, du reste, leur est indispensable. On en trouve presque toujours dans les rayons garnis de miel. Cependant les essaims en sont souvent privés, et on fait bien de leur donner des rayons garnis de pollen, qu'on place au siège d'hiver et non devant la vitre, où le pollen moisit facilement.

Rayons de sirop. — On prend des rayons vides qu'on remplit de sirop, d'abord d'un côté, pour les couvrir ensuite d'un papier-buvard qu'on colle aux alvéoles à l'aide d'un fer à repasser, légèrement chauffé. On fait de même de l'autre côté. On obtient de la sorte des rayons remplis et operculés qu'on suspend au siège d'hiver et qui y rendent un excellent service.

Nourrisseurs qui ne coûtent rien à l'apiculteur. — On peut aussi se servir de rayons vides comme nourrisseurs. A cet effet on prend un plat un peu profond, on y met un rayon vide, en lui donnant une position un peu inclinée, on fait couler le sirop de haut en bas, jusqu'à ce que les alvéoles en soient remplis. On tourne ensuite le rayon, on lui donne la même position inclinée, et on remplit ce côté comme précédemment. Vers le soir on suspend ce rayon derrière la vitre d'une ruche ; le lendemain matin il sera complètement vidé par les abeilles, et le sirop transporté au siège d'hiver.

5° *Une bonne habitation.* L'habitation doit être construite de manière qu'elle abrite les abeilles contre les rigueurs de l'hiver et qu'elle ne s'évente pas au moment où la chaleur doit rester concentrée au siège des abeilles. Les ruches à parois épaisses ne s'éventent pas facilement et garantissent nécessairement mieux contre le froid que celles qui sont minces et légères. Il y a des apiculteurs qui sortent, durant l'hiver, les fenêtres et les remplacent par des coussinets, espèce de petits matelas bourrés de mousse ou de déchets de coton. Ces coussinets abritent le nid des abeilles contre l'humidité et le froid.

Guêpes et frelons. — A l'arrière-saison se présentent souvent deux ennemis qui causent certaines déprédations aux abeilles. Ce sont les guêpes et les frelons. Ils profitent surtout de la fraîcheur des matinées, quand les sentinelles se sont retirées dans l'intérieur, pour s'introduire dans les ruches. Ils ne se contentent pas toujours d'emporter du miel, ils enlèvent aussi, après les avoir tuées, les abeilles qu'ils peuvent saisir, pour manger ce qu'elles ont dans l'estomac. On cherche à s'en débarrasser en étouffant leurs nids avec du soufre ; ou bien on les attrape dans des bouteilles et des flacons à goulots étroits qu'on remplit au quart de vin rouge coupé d'eau, ou de vinaigre coupé d'eau sucrée et qu'on suspend à proximité du rucher. Pour les empêcher d'emporter le miel qui se trouve sur le premier rayon, ordinairement dégarnie d'abeilles, on remplace celui-ci par un rayon vide.

Novembre. — Décembre.

Le mois de novembre nous gratifie parfois encore de quelques belles journées. Les abeilles en profitent pour faire des sorties générales et se vider. Ces sorties leur sont très salutaires. Aussi ne faut-il pas interner les populations dans des caves ou d'autres réduits avant l'arrivée des froids permanents.

Dès que l'hiver commence à sévir, les abeilles demandent à être à l'abri de tout trouble et des rigueurs du froid. On donne de bons surtouts [1]) aux ruches qui doivent passer l'hiver en plein air. On les abrite contre les vents glacials, la pluie, et principalement contre la neige, qui, en bouchant les guichets, priverait les abeilles de l'air du dehors, et amènerait de la sorte la ruine de la colonie entière. On veille à ce que les mésanges, les charbonnières, les pics et autres oiseaux ne viennent becqueter aux ruches pour engager les abeilles à quitter leur retraite, et à se présenter devant les guichets pour être gobées ensuite. On éloigne les pics et les autres oiseaux du rucher, en suspendant à sa proximité, soit à une perche, soit à une branche d'arbre, soit même au-dessus d'un guichet, un épervier, un hibou ou un autre oiseau de proie empaillé. On cherche à empêcher les rats, les mulots, les souris, surtout les petites musaraignes, de pénétrer ou même de se nicher dans les ruches, pour ronger ensuite les bâtisses, manger les provisions et finalement les abeilles elles-mêmes. L'apier ne doit pas servir d'asile aux oiseaux de basse-cour, et on ne tolère pas que les chats viennent y faire leur méridienne, pour aiguiser ensuite leurs griffes aux nattes qui recouvrent les ruches. Quelques épines placées sur les ruches empêchent les rats et les chats d'y venir. Le soleil ne doit pas donner sur les ruches en hiver; il rend les abeilles trop alertes, ce qui les dispose à consommer beaucoup, et parfois même à quitter la ruche pour tomber dans la neige, qui les éblouit d'abord et les ensevelit ensuite.

Si le soleil donne sur les ruches, il faut incliner une tuile ou une planchette devant les guichets. Pour garantir les ruches des froids glacials, il faut relever les volets ou tablettes à charnières, ou suspendre des couvertures devant les trous de vol, tout en laissant accès au renouvellement de l'air.

Veut-on hiverner ses populations dans un local clos, soit dans un hangar, dans une chambre, dans une étable ou même dans une cave, on donne la préférence à celui qui réunit les cinq conditions suivantes, indispensables à un bon hivernage :

1° *Le local doit être sec.* Les ruches, placées dans un endroit humide, dépérissent; car l'humidité fait moisir la cire et le pollen, et incommode souvent les abeilles à tel point, qu'elles se voient obligées de se disperser sur les rayons pour mourir de froid ou de la dyssenterie. Les abeilles souffrent plus de l'humidité que du froid.

2° *Il doit y avoir de l'air pur.* Les abeilles, hivernant dans des remises ou des caves remplies de provisions de toutes sortes, se trouvent au milieu d'un air vicié qui finit par les rendre malades.

3° *Il doit être obscur.* Par une température de 10 à 12 degrés R. de chaleur, les abeilles aiment à quitter leur retraite, dès que le jour apparaît. Aussi, au moindre rayon de soleil qui pénètre dans leur réduit, elles se sentent attirées vers la clarté. De là ces masses d'abeilles que l'on trouve souvent, à la fin de l'hiver, dans des ruchers clos, ayant des portes ou des volets à fentes larges par où la lumière du jour peut entrer.

4° *Il doit se trouver dans un endroit tranquille.* Les ruches exposées à des chocs violents, occasionés par la fermeture des portes, par des machines ou des voitures chargées qui passent trop près, perdent une masse d'abeilles qui se détachent du

---

[1]) Des couvertures de toutes sortes, de vieux sacs, de vieux papiers recouverts de vieux tapis.

groupe pour se précipiter au devant du trouble-fête présumé. Elles périssent ensuite de froid avant d'avoir pu regagner le siége d'hiver.

5° *Il ne doit pas communiquer avec un local habité et chauffé.* Plus la température est régulière, mieux cela vaut pour les abeilles; 4 à 6 degrés de chaleur extérieure, voilà pour elles, durant l'hiver, la température la plus normale.

Quand le thermomètre marque 8 degrés de chaleur R. à l'ombre et qu'il fait beau temps, l'apiculteur portera ses ruches sur l'emplacement qu'elles occupaient en été, pour engager les abeilles à faire la parade et à se vider. Vers le soir, il les remet au local d'hiver. Ce travail ne se fait qu'une ou deux fois au plus durant la mauvaise saison.

De temps en temps l'apiculteur qui n'a pas internés ses ruches, fera une visite au rucher, pour voir si rien ne trouble les ruches, et si la neige ou les cadavres ne bouchent pas les guichets.

Il enlèvera tout doucement la neige et les abeilles mortes, s'il y en a, avec un fil de fer en forme de crochet.

Si une sortie a lieu par la neige, il mettra des feuilles mortes, ou de la paille devant le rucher, ou devant les ruches, placées isolément en plein air.

Il ne donnera plus de nourriture liquide en cette saison à ses ruches.

Pendant ses heures de loisir, il fera la revue de son matériel, consultera de bons ouvrages traitant d'apiculture, fera un résumé de ses observations, de ses découvertes et de ses expériences pour les communiquer au Bulletin de la Société d'apiculure dont il fait partie, afin d'enrichir de la sorte le trésor commun des apiculteurs du monde entier.

Le débutant se gardera bien de se laisser entraîner par la manie des innovations. Mieux vaut pour lui de suivre les chemins battus par ses aînés, et d'acquérir d'abord un fonds d'expériences, avant de s'ériger en maître, s'il ne veut pas se rendre ridicule.

TROISIÈME PARTIE

MALADIES DES ABEILLES
(Traitements à suivre)

La Loque.

De tout temps la loque a été la terreur des apiculteurs. A l'aide du microscope les docteurs Preuss en Allemagne et Cheshire en Angleterre ont pu constater que ce sont des bacilles qui causent cette maladie, la pire que l'apiculteur ait à combattre. La cause qui fait naître ces bacilles, n'est pas encore résolue. Différentes hypothèses ont été émises : Nourriture mauvaise ou insuffisante ; mauvais miels d'Amérique ; affaiblissement de sang (reines phthisiques, manque de croisements); refroidissement du couvain par des opérations intempestives, etc... La loque est très contagieuse. Elle se propage facilement par le pillage, par les rayons, les outils, les mains de l'apiculteur qui n'ont pas été désinfectionnées dans de l'eau chaude. Même sur les fleurs les butineuses peuvent attraper des bacilles qui y ont été transportés par d'autres butineuses habitant des ruches loqueuses.

La loque se reconnaît par une puanteur pestilentielle qu'exhale la ruche, par le couvain pourri qui se transforme en substance visqueuse, couleur de café-au-lait ; par les opercules d'un brun violet, enfoncés et percés de petits trous.

Elle est guérie promptement par des antiseptiques, si le mal est combattu à temps. Le traitement est beaucoup plus laborieux, si la maladie a pu atteindre sa plus haute période de développement.

Nous donnons ici les procédés les plus simples et les plus rapides pour guérir la maladie. Ce sont les procédés de fumigation ou d'évaporation qui font pénétrer les vapeurs antiseptiques partout dans la ruche, et qui, par là, détruisent tous les germes de la loque.

Premier procédé. — *Acide salicylique* (Méthode Hilpert). — Cette méthode consiste à exposer les ruches loqueuses à l'action de fumigation au moyen de l'acide salicylique dans un appareil construit exprès pour cet usage (v. fig.). L'opération se fait de la manière suivante: Au-dessus d'une lampe à alcool, dont la mèche est réglée au moyen d'une vis, est fixé un vase de cuivre étamé, dans lequel on verse 1 gramme d'acide salicylique précipité par fumigation. Il faut avoir soin de ne pas rendre trop forte la flamme de l'alcool, afin que la chaleur ne devienne pas trop intense; autrement l'acide salicylique s'enflammerait. De plus, l'évaporation doit se faire modérément, sans quoi l'acide salicylique se séparerait du carbone et il ne resterait plus que l'acide carbonique, qui tuerait les abeilles et le couvain non operculé. Pour empêcher que l'évaporation se fasse trop rapidement, il est bon d'humecter avec un peu d'eau l'acide salicylique

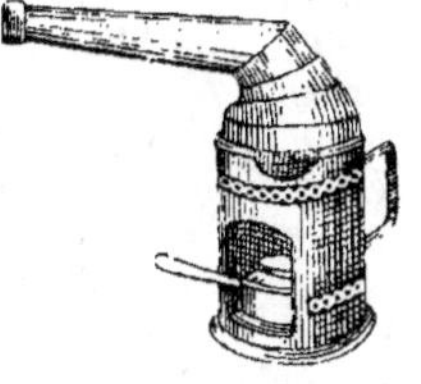

Fumigateur.

qui se trouve dans le gobelet de l'appareil; de cette manière l'eau qui s'évapore d'abord se dépose sur les objets à désinfecter, les mouille légèrement, et alors l'acide salicylique, qui ne s'évapore qu'en second lieu, s'y attache beaucoup mieux.

Pour bien faire réussir cette opération, il faut laisser un espace vide de 15 à 20 centimètres sous les rayons, afin que la vapeur puisse pénétrer partout. Dans les ruches à plusieurs étages, on enlève les rayons de l'étage inférieur et on les suspend dans l'étage supérieur. Quant aux ruches à magasin, c'est-à-dire à un seul étage comme le sont nos ruches alsaciennes-lorraines, on les fumige par le guichet, à l'aide d'un tube qu'on ajoute à l'appareil.

Deuxième procédé. — W. Klempen dit à ce sujet: En 1880, j'ai réussi à guérir par la fumigation au thym deux colonies fortement attaquées par la loque, et les deux années suivantes, je n'ai plus vu trace de la maladie dans mon rucher. Mais, en 1883, l'affection s'y est déclarée de nouveau. Comme j'avais constaté cette fois un pillage de mes abeilles dans un rucher voisin, je suppposai que la loque venait de ce rucher pillé. En effet, l'ayant visité, j'y découvris entre autres une ruche tellement loqueuse que je conseillai au propriétaire de la passer au soufre et d'en enterrer les produits et les abeilles; ce qu'il fit. Pour ses autres ruches, nous nous bornâmes à appliquer la fumigation au thym qui fut couronnée de succès. Et, pour mon compte, j'appliquai aussi la fumigation au thym sur huit colonies qui s'étaient plus ou moins adonnées au pillage dans le rucher loqueux. En automne, on ne voyait chez elles aucune trace de loque, et elles se repeuplèrent d'une façon satisfaisante. L'année dernière ces ruches furent l'objet d'une surveillance minutieuse ; mais comme au commencement de juin je n'avais constaté aucune trace de loque, je cessai ma surveillance et cela fut une faute grave, car au commencement de juillet la loque se déclarait de nouveau dans deux de ces huit colonies, et l'une était tellement attaquée qu'il n'y avait plus que quelques larves saines dans toute la ruche : le mal datait déjà d'un certain nombre de jours. Je me mis à fumiger ces ruches qui redevinrent saines, même la plus atteinte. De celle-ci j'avais dans mes recherches trouvé la mère et l'avais emprisonnée dans une boîte à claire-voie, puis l'avais quelque peu isolée pour que les abeilles la remplaçassent en transformant du jeune couvain d'ouvrière, ce qu'elles firent. Pendant ce temps, les abeilles nettoyèrent les cellules contaminées que la fumigation avait assainies ; journellement la planchette (menton) du trou de vol était remplie d'ordures loqueuses, et les abeilles évacuaient des larves mortes et desséchées.

Dans deux autres grands ruchers voisins, la loque s'était également déclarée. Là aussi l'application de la fumigation au thym a été employée et a donné des résultats satisfaisants : les ruches malades ont été guéries. L'instituteur Herrgut, de Kahmen, a employé le remède dans son rucher que la loque décimait, et a guéri toutes ses ruches atteintes. De là je conclus que la fumigation au thym est la méthode de guérison la plus sûre et aussi la plus simple.

La fumigation au thym est fort simple. On peut se servir de n'importe quel fumigateur ou smoker, et le thym se trouve dans tous les jardins, c'est-à-dire sous la main de tous les possesseurs d'abeilles. Dans le cas rare où l'on serait obligé d'en acheter, pour 50 centimes, on en aura pour traiter un rucher de plusieurs douzaines de ruches.

On enveloppe avec du papier des boudins de thym d'une longueur de 10 centimètres environ et d'une grosseur de 3 ou 4 centimètres. Il s'agit de thym séché ou à peu près, qui a conservé ses principes aromatiques. Quand on veut s'en servir, on place dans un enfumoir quelconque le paquet ou boudin de thym qu'on allume. Ayant fermé l'enfumoir, on place sa douille à l'entrée de la ruche (trou de vol); on fait d'abord jouer légèrement l'enfumoir pour faire reculer les abeilles, et l'on donne ensuite de 20 à 30 fortes poussées pour que la fumée se répande dans toute la ruche. C'est le soir qu'il faut opérer, et il n'est pas inutile de donner quelques coups de fumigateur aux ruches voisines. On répète l'opération tous les soirs pendant 10 à 15 jours ; plus tard, tous les 2 jours seulement. Après trois semaines, lorsqu'en examinant la ruche on voit que le couvain loqueux a disparu et que celui qu'on trouve est sain, on ne fume plus qu'une fois ou deux et le traitement est fini.

TROISIÈME PROCÉDÉ. — *Eucalyptus globulus*. — Un médecin suisse, le Dr Bauvard, assure avoir parfaitement guéri ses ruches loqueuses, en enlevant les deux ou trois plus mauvais rayons et en versant à plusieurs reprises, dans les coins des ruches, où il n'y avait pas d'abeilles, quelques gouttes d'essence pure d'Eucalyptus globulus. Il s'en sert beaucoup, dans sa pratique médicale, pour combattre les inflammations des gencives et pour désinfecter les poches purulentes des abcès. C'est ce qui lui a donné l'idée de s'en servir contre la loque.

Les vieux rayons, une fois nettoyés, ont été trempés dans de l'eau parfumée d'essence d'Eucalyptus, et les ruches ont tout de suite repris vie et entrain. La loque si tenace pourtant, n'a plus reparu. Par précaution, il parfume aussi de la même essence le sirop qu'il donne en automne à ses abeilles, et c'est à cela qu'il attribue leur bonne santé et leur vivacité. Cette essence a un parfum agréable.

QUATRIÈME PROCÉDÉ. — *Acide phénique et goudron*. — On prépare ce remède de la manière suivante : On prend une grande cuillerée d'acide phénique, qu'on mélange avec la même quantité de goudron ; on met ce mélange sous les rayons du nid à couvain ; on empêche les abeilles d'y patauger, en couvrant le vase avec de la toile métallique, ou bien on verse l'acide phénique et le goudron sur un gros morceau de feutre qu'on glisse sous les rayons infectés. L'acide phénique, en s'évaporant, tue les bacilles et dessèche les larves pourries dans les cellules, ce qui permet aux abeilles de nettoyer ces dernières. L'odeur de l'acide phénique, mélangé avec du goudron, n'incommode nullement les abeilles et ne donne pas de mauvais arôme au miel. Ce remède est prôné comme excellent.

CINQUIÈME PROCÉDÉ. — *Naphtaline*. — La naphtaline est un produit chimique de la fabrique de Lindenhof, près Huningue (Haute-Alsace). Elle provient du goudron de houille ; son odeur est très pénétrante sans être désagréable, et exerce une influence désinfectante.

A différentes conférences nous avons parlé des services que rend ce produit ; nous allons les résumer ici :

1° Veut-on renforcer la population d'une ruche faible avec un rayon à couvain et toutes les jeunes abeilles qui s'y trouvent, on suspend la veille un morceau de naphtaline entre deux rayons ou bien on le place sous le nid à couvain d'une ruche bien peuplée. On fait de même avec la ruche faible qui doit être renforcée. Le lendemain, vers midi, quand la plupart des butineuses sont à la picorée, on enlève à la ruche forte un rayon bien garni de couvain mûr avec toutes les abeilles qui le couvrent (sans la mère) et on le suspend au milieu du nid à couvain de la ruche faible. Le rayon enlevé est de suite remplacé par un autre qui est vide. Comme les deux ruches ont la même odeur, bien prononcée, il n'y aura pas de lutte entre les abeilles ; de plus, les jeunes abeilles, ajoutées à la ruche faible, ne retourneront pas à la ruche-mère, puisqu'elles ne sont pas encore habituées à son trou de vol ; elles continueront à soigner le couvain dans leur nouvelle demeure, ce qui est l'avantage principal pour la ruche renforcée.

2° Veut-on remplacer une mère par une autre, on n'a qu'à mettre sous cage la mère invalide, à naphtaliniser ensuite cette ruche pendant la nuit ; la nouvelle mère est également naphtalinisée. Le lendemain on éloigne la mère sous cage, on y introduit la nouvelle pour l'y laisser jusqu'au soir, puis on la met en liberté.

3° En naphtalinisant pendant la nuit une ruche incommodée par des abeilles qui se livrent au pillage latent, celles-ci sont reconnues plus facilement le lendemain, comme n'étant pas naphtalinisées, et sont repoussées avec toute l'énergie voulue par la sentinelle.

4° Un morceau de naphtaline, placé à proximité du nid à couvain, est un moyen préservatif contre la loque et désinfecte une ruche atteinte de cette maladie.

5° La naphtaline éloigne des ruches et des caisses, servant de garde-rayons, les teignes et les fourmis.

La naphtaline que l'on fabrique sur une grande échelle pour en faire une couleur rouge comme celle de la cochenille, est d'un prix peu élevé ; le kilogramme revient à peine à 60 cent. ; elle est par conséquent bien meilleur marché que l'apiol, dont quelques gouttes, s'évaporant rapidement, reviennent à 1 marc ; elle est aussi bien moins chère que l'essence de menthe et d'autres essences dont on se sert au rucher pour aromatiser les ruches, ou bien pour combattre la loque. — Nous avons eu l'idée première d'user de ce remède. Nous avons employé la naphtaline sur deux ruchers de la banlieue de Strasbourg, et nous sommes parvenus à guérir l'épidémie. Voici ce que dit la *Revue internationale*, publiée par M. Bertrand, sur le traitement de la loque par la naphtaline :

I.

A. M. Bertrand, directeur de la *Revue*.

J'ai attendu jusqu'à ce jour avant de vous écrire pour pouvoir vous donner des nouvelles certaines des effets de la naphtaline sur la maladie de la loque.

Après votre honorable visite chez moi, ma ruche loqueuse est allée plus mal, vu que je l'ai négligée quelques jours ; après quoi j'ai reçu la naphtaline que j'y ai introduite de la manière que vous m'avez indiquée. Maintenant elle est radicalement guérie, la population a augmenté sensiblement, elle remplit actuellement 13 cadres et travaille activement, enfin elle est complètement hors de danger ; de plus, les abeilles ont tout nettoyé, les alvéoles et les nouveaux couvains sont absolument sains.

Je puis vous assurer, bien cher Monsieur Bertrand, que ce sera le remède le plus radical et le plus facile à employer. J'en ai remis à M. le curé de Landry, la guérison est chez lui aussi complète que chez moi.

Bourg-Saint-Maurice (Savoie), 1ᵉʳ août 1890.   HILAIRE ARPIN.

II.

Lors de ma première visite du printemps, le 23 avril de cette année, je trouvai dans le rucher de mon métayer une colonie loqueuse ; je mis sur le plateau une dizaine de morceaux de naphtaline de la grosseur d'une noisette.

Étant en voyage, je reçus une lettre de mon métayer qui me dit que la ruche était guérie. A mon retour, au commencement de juillet, je la visitai et je reconnus que l'on s'était trompé, on n'avait pas visité la ruche à fond. En effet, les deux premiers rayons n'avaient pas de loque, mais les autres étaient encore très attaqués. Cependant on ne trouvait du couvain malade que dans les cellules fermées.

Je plaçai sur le plateau de la ruche deux morceaux de naphtaline de la même grosseur que précédemment et je ne m'occupai plus de la colonie jusque dans les premiers jours de septembre, époque où je fais la récolte de mes ruches. Je visitai donc de nouveau la colonie et je ne trouvai qu'une seule cellule renfermant peut-être une larve malade ; je dis peut-être, car cette larve, qui était à moitié desséchée, ne présentait pas le même aspect que celles qui ont la loque.

J'engage vivement les apiculteurs à essayer de cette méthode si simple et à la portée de toutes les bourses.   G. DE LAYENS.

Les bactéries de la loque, se développant aussi dans les intestins des abeilles, la naphtaline sert encore comme antiseptique intestinal. En effet, comme elle se dissout petit à petit par l'évaporation, l'air intérieur de la ruche est tout imprégné de ses essences et l'application de l'antisepsie intestinale est faite par l'air que respirent les abeilles dans la ruche.

SIXIÈME PROCÉDÉ. — *Naphtol.* — On dissout trente-trois centigrammes de naphtol dans un litre de sirop de sucre et l'on ajoute un gramme d'alcool pour faciliter la dissolution, et on fait prendre ce remède aux abeilles au printemps avant la ponte.

La Dyssenterie.

La dyssenterie des abeilles peut provenir de différentes causes : d'une mauvaise nourriture, d'un hiver trop long et trop rigoureux, de refroidissements, du nourrissement en hiver, de troubles fréquents, d'un mauvais logement, etc.

a) Les miels des pucerons, des conifères, le sirop de fécule, de cassonade, de fruits, ou d'autres succédanés de qualité inférieure, renferment trop de matières fécales qui, à la longue, gonflent et affaiblissent l'abdomen. Si une belle journée, relativement chaude (+ 8 à 10° R.) tarde à venir, les abeilles ne peuvent se vider au dehors et sont obligées de lâcher leurs excréments sur les rayons et sur leurs compagnes qu'elles engluent souvent à tel point, que leurs organes respiratoires se ferment et qu'elles étouffent.

b) Quand la saison rigoureuse est de trop longue durée, il arrive parfois que les abeilles ne peuvent plus retenir les immondices dans leurs intestins ; la dyssenterie se déclare alors chez elles.

c) Les abeilles se refroidissent et gagnent la dyssenterie, quand elles n'ont pour siège d'hiver que des rayons de miel operculé et désoperculé sans place suffisante sur des rayons vides, moins froids que ceux remplis de miel. Ou bien quand on expose les ruches à des chocs violents, durant le froid, ce qui les oblige de se disperser sur les rayons, de se refroidir ensuite et de lâcher les excréments.

d) En nourrissant les abeilles pendant l'hiver avec du miel liquide ou du sirop de sucre, elles en consomment trop ; les immondices s'accumulent trop vite dans leurs intestins, et si la température ne leur permet pas de temps en temps de faire une sortie, la dyssenterie ne tardera pas à se déclarer.

e) Au moindre trouble, les abeilles se jettent sur leurs provisions pour en avaler le plus possible et les mettre, de cette manière, en lieu sûr. Ces excès, souvent répétés, produisent trop d'immondices dans les intestins des abeilles et si le temps ne permet pas de faire une sortie toutes les six semaines au moins, la dyssenterie décimera les ruches.

f) Un logement défectueux avec des parois trop minces, un couvercle fendu ou exposé à l'humidité, occasionne facilement la dyssenterie aux abeilles. Des parois trop minces ne garantissent pas assez du froid, surtout si les populations ne sont pas bien fortes et sont par conséquent obligées de produire beaucoup de chaleur artificielle pendant les journées critiques, ce qui double et même triple la consommation journalière.

g) Si, pour une cause quelconque, il y a trop d'humidité dans une ruche, les abeilles en absorbent plus qu'il n'en faut pour étancher leur soif ; elles attrapent de la sorte la dyssenterie.

h) Une autre cause encore doit produire la dyssenterie : c'est le manque absolu de pollen dans la ruche.

Le *meilleur* remède contre cette maladie, c'est de préserver les abeilles des causes qui l'amènent. Pour l'apiculteur mobiliste, c'est chose facile d'éloigner, à la révision d'automne, la mauvaise nourriture et de la remplacer par une meilleure, soit par un bon sirop de sucre candi ou de sucre de pain de 1re qualité. Il peut tout aussi facilement arranger un siège d'hiver bien conditionné et donner des rayons de pollen aux ruches qui n'en ont pas.

Si le mal s'est déjà déclaré, le remède le plus sûr est une belle journée qui permet aux abeilles de prendre leur vol et de se vider au dehors. Si, au contraire, la température laisse à désirer, il faut préserver la ruche malade de tout trouble jusqu'au moment favorable pour la sortie.

Le Mal-de-Mai.

Dans le courant des mois humides de juin et juillet 1888 un apiculteur novice me pria de vouloir bien visiter ses abeilles, qui, disait-il, sortaient de la ruche et s'accrochaient en petits tas aux brins d'herbe, où elles ne tardaient pas à mourir. Me rendant à sa prière, j'examinai sa seule ruche, que je trouvai assez dépeuplée, mais aussi assez pauvre en nourriture. Je constatai en même temps que les abeilles, qui s'étaient rassemblées en petits tas, étaient pour la plupart jeunes et n'avaient pas les ailes déchirées comme celles qu'on voit souvent courir par terre après une sortie générale et se réunir en petits groupes, mais qu'elles avaient les ailes paralysées. Chez la plupart je trouvai le corps tout rempli d'excréments chargés de pollen ; chez les autres il était gonflé par un liquide aqueux. Je conseillai à l'apiculteur novice de nourrir sa ruche chaque soir, pendant huit jours, avec du sirop de sucre candi tiède, quelque peu salé. Plus tard je la retrouvai dans le meilleur état.

Le 18 juillet de la même année, M. Bastian, employé de la station de Colmar, m'écrivit ce qui suit : «Par suite du temps pluvieux avec alternatives de soleil brûlant et de temps froid, il faut qu'une espèce de nielle, de «poison», soit tombée sur les fleurs des tilleuls. Les abeilles, les guêpes, en général tous les insectes qui vont les visiter, tombent à terre en masse, cherchent à reprendre leur vol, tourbillonnent alors pendant quelque temps dans le sable ou dans la poussière et meurent ensuite.»

Il y a à peu près trois ans, M. Hæntges, de Wittersbourg, m'écrivit au mois d'avril : «Mes abeilles, après avoir butiné pendant quelques jours sur les fleurs des groseillers et recueilli la rosée mielleuse qui était répandue sur les feuilles de ces arbustes, sont mortes subitement. La même calamité n'ayant pas eu lieu sur le rucher de mon voisin, je suis presque convaincu que mes abeilles ont été empoisonnées par une main criminelle.» Je conseillai alors à M. Hæntges de nourrir ses abeilles avec du bon miel légèrement salé ou du bon sirop de sucre candi légèrement salé. Il suivit mon conseil et au bout de quelques jours la calamité avait disparu.

Sur mon propre rucher j'avais, en mai 1887, une ruche assez peuplée au printemps. Vers le milieu du mois d'avril, je fis la remarque que journellement une centaine d'abeilles mouraient sur le sol dans de violentes convulsions. J'examinai la ruche, et y trouvant des provisions encore suffisantes, je ne lui donnai point de nourriture. La mortalité des abeilles dura jusqu'à fin mai. Je l'attribuai à la maladie dite mal-de-mai.

Le journal apicole *Bienenpflege* du mois de janvier 1889 publia sur le mal-de-mai les observations suivantes, faites par un instituteur du Schleswig-Holstein, du nom de Stenhusen :

«Depuis l'année 1879 je me suis occupé de cette maladie ; enfin je suis parvenu à la combattre. Elle se manifestait par le fait que les abeilles tombaient à terre, où elles restaient couchées pendant un temps plus ou moins long. J'attribue la cause de cette maladie au pissenlit, qui, au mois d'avril, est partout en fleurs. Mes abeilles y butinaient avec une activité fiévreuse et finalement succombaient à l'excès de travail. J'ai examiné minutieusement leurs corps et je les ai trouvés remplis uniquement de pollen de pissenlit. J'ai fait venir alors du Hanovre du miel de bruyère et, après l'avoir délayé, j'en ai nourri mes abeilles. Par ce remède je suis parvenu à faire disparaître la maladie, et je suis fermement convaincu que dans d'autres contrées où les abeilles tombent malade en recueillant, par exemple, trop de miel de trèfle, le même résultat pourra être obtenu par un traitement analogue.»

Dans le n° 10 du *Centralblatt*, M. P. Clausen prétend que le mal-de-mai doit être principalement attribué à des substances nutritives plus ou moins détériorées. Il dit à ce sujet : «Vers la fin de l'année passée, le mal-de-mai avait pris sur mon rucher une grande extension. Chaque soir, après le vol, des abeilles malades s'étaient groupées en petits tas sur des brins d'herbe se trouvant devant le rucher, où elles périssaient misérablement. Un jour, en enlevant un alvéole de reine operculé à un essaim artificiel, j'eus l'idée de l'utiliser et de l'ajouter à un autre essaim artificiel, auquel je ne donnai que des abeilles malades. N'ayant pas de rayon de miel à ma disposition, je pris un rayon vide pour y fixer l'alvéole de reine. Je le mis ensuite dans une ruche, et après en avoir bouché l'ouverture, je recueillis le plus possible d'abeilles malades et les y jetai, en leur donnant en même temps du sirop de sucre candi. Le lendemain matin celui-ci était complètement absorbé et en partie transporté dans les alvéoles. Un petit nombre d'abeilles seulement étaient couchées mortes sur le tablier; les autres étaient bien alertes et couvraient l'alvéole maternel, déjà solidement fixé par elles. Encouragé par ce résultat, je recueillis le soir pendant quelques jours, les abeilles malades, pour les jeter dans la ruche et les nourrir abondamment de sucre candi. Chaque fois le matin suivant je trouvais quelques abeilles mortes, mais les autres s'étaient rétablies et, grâce à la nourriture que je continuais à leur donner, elles étaient devenues tout à fait bien portantes. Lorsqu'au bout de six jours la reine fut éclose, j'ouvris le guichet. Aussitôt ces abeilles prirent leur vol, comme si elles n'avaient jamais été malades. L'automne suivant, cet essaim artificiel avait huit rayons avec des bâtisses tout achevées et couvertes d'abeilles. C'est cette expérience qui me fait croire que le mal-de-mai n'est qu'une affection intestinale, causée par une nourriture contenant des substances impropres et en partie vénéneuses. Si cette maladie apparaît avec plus de violence dans une contrée que dans une autre, la cause doit être simplement attribuée au fait que précisément dans cette contrée il y a plus de plantes nuisibles qui sont en pleine floraison, quand les abeilles ne peuvent pas butiner sur d'autres fleurs et que, comme antidote, il n'existe pas dans les ruches une provision suffisante de nourriture saine et fortifiante. »

Dans le *Bienenfreund*, paraissant en Silésie, p. 177, le Dr Dzierzon a émis l'avis que le mal-de-mai provient de nectars nuisibles fournis quelquefois par les fleurs du pommier et du sorbier.

M. le pasteur Kleine écrit à ce sujet : « D'après mes observations, le manque de nourriture seul est la cause de cette maladie. Dans les contrées où la culture de la navette fait défaut, il y a ordinairement entre la première miellée du printemps et la floraison des arbres fruitiers, c'est-à-dire à l'époque où fleurit l'aubépine, un chômage plus ou moins long. Si alors les provisions d'hiver sont absorbées et que le miel récemment recueilli ne suffit pas à la consommation du nombreux couvain, les conséquences de la famine apparaissent sous toutes leurs formes terribles. Les butineuses meurent pour la plupart étant à la recherche de la miellée et du pollen. Les nourrices ayant à soigner le couvain, se gorgent de pollen, qu'elles ne peuvent digérer faute de miel. Cherchant à se décharger ensuite des excréments pour faire passer les douleurs de l'indigestion, elles sortent de la ruche et meurent bientôt après. Des ruches suffisamment approvisionnées d'une nourriture saine ne sont pas sujettes à cette maladie convulsive. Dans les contrées où les miellées se succèdent sans interruption, le mal-de-mai ne se présente jamais. »

M. l'instituteur Hoffmann veut attribuer le mal-de-mai à du miel non operculé ayant absorbé de l'humidité et qui, par ce fait, contient des ferments acides. La consommation de ce miel gâté doit nécessairement provoquer des coliques intestinales.

L'apiculteur Hertz prétend avoir fait l'expérience, que les faux-bourdons restent exempts du mal-de-mai, par la raison qu'ils n'absorbent que de bon miel, mais que, par contre, les jeunes abeilles, c'est-à-dire les nourrices, y sont le plus exposées, puisque, par suite de mauvais temps, elles sont obligées d'avoir recours à du vieux pollen détérioré.

MM. Hübner et le Dr Bennemann désignent le mal-de-mai sous le nom de *mucorine*. Il ressort des examens microscopiques, faits par ces deux savants, que des abeilles malades, se tordant le corps par suite de douleurs atroces et mourant comme si elles étaient prises d'une folie furieuse, avaient, quelques jours après leur mort, des microbes, notamment aux anneaux de l'abdomen. Ces microbes sont fort répandus dans la nature et se développent en grande quantité, notamment autour des petites masses d'eau, lorsqu'en même temps il s'y trouve des substances organiques.

D'après toutes ces observations et ces études, les causes du mal-de-mai sont donc à attribuer, soit au manque de nourriture, soit aux substances nuisibles contenues dans celle-ci ou bien encore à des microbes.

Il se pourrait bien que ce ne fût qu'une affection intestinale, mais ses symptômes sont différents, de là les noms divers sous lesquels on la désigne. On l'appelle *mal-de-mai*, parce que c'est dans ce mois qu'elle apparaît le plus fréquemment. Les noms de *paralysie des ailes* ou de *coureuses de sable* proviennent de ce que les ailes des abeilles malades, sans être déchirées, les rendent néanmoins incapables de voler et les obligent à courir sur le sable ou sur le sol jusqu'à ce qu'elles périssent. On l'a également nommée *folie furieuse* ou *tornados*, puisque les abeilles, dans leur état convulsif, tournent en cercle et se démènent comme des folles.

Œufs stériles.

Il y a des reines qui pondent des œufs stériles. Heureusement ce cas se présente fort rarement. On l'a observé chez des reines qui, dès la première ponte, n'ont produit que des œufs pareils, et chez des abeilles-mères qui, après une assez longue période de fécondité, ont pondu des œufs stériles jusqu'à la fin de leur vie. Ce fait est attribué à un défaut organique des ovaires de la reine. Des naturalistes fort savants, tels que MM. de Siebold, Claus et le Dr. Leuckart ont fourni la solution de cette question. Ils ont disséqué des mères atteintes de ce défaut, et ils ont constaté que leurs gaînes ovigères avaient subi une altération et qu'une dégénérescence graisseuse s'était produite dans les éléments que la science désigne sous le nom de *cellules vitellogènes.*

On a cru d'abord que la stérilité des œufs provenait du manque de fécondation, comme ceci a lieu chez d'autres insectes et même chez les oiseaux. Mais il a été suffisamment prouvé qu'une jeune reine non fécondée commence, au bout de 40 à 50 jours, à pondre des œufs qui se développent parfaitement en larves, nymphes et faux-bourdons ou abeilles mâles. C'est au célèbre apiculteur, le Dr. Dzierzon, que nous devons cette découverte importante appelée la *parthénogénèse.* Il a été prouvé de même qu'une mère chez laquelle le sperme mâle s'est épuisé après trois ou quatre ans de fécondité, continue à pondre des œufs qui donnent naissance à des mâles.

On peut bien penser qu'une colonie qui possède une reine atteinte de stérilité, marche rapidement vers sa ruine. Bien des ruches en panier ont déjà péri de la sorte, sans que leurs possesseurs aient pu se rendre compte de la cause qui a amené leur ruine. Quel avantage précieux nous offre sous ce rapport la ruche à cadres mobiles! Rien n'y échappe à l'œil de l'apiculteur intelligent. Les aptitudes de la mère, ainsi que ses défectuosités, peuvent y être contrôlées facilement. Que de ruchers de la vieille école n'ont pas été ruinés par la loque! Les apiculteurs, ne connaissant pas la cause de cette mortalité générale, se consolaient en disant: «Les abeilles se multiplient vite, et s'en vont tout aussi vite; il faut être favorisé par la *Chance.*» L'apiculteur de la nouvelle école se dit: «*Aide-toi, et le Ciel t'aidera.*»

QUATRIÈME PARTIE

ENNEMIS DES ABEILLES

L'homme.

Le plus grand ennemi des abeilles est l'homme qui les étouffe avec le soufre ou qui les cultive d'une manière irrationnelle.

Le pou des abeilles.

Le pou des abeilles (*braula cœca*), grand comme un grain de sable, de couleur brune, est un parasite qui vit de préférence sur le corps des reines et dans les vieilles ruches. En tenant toujours bien propre le tablier, on empêche cet insecte de se multiplier.

L'araignée.

Une masse d'abeilles périssent dans les filets des araignées. Le seul moyen de se débarrasser de cette ennemie, c'est de détruire ses toiles et de lui faire une chasse active, notamment vers le soir, pour la tuer.

La fourmi.

La fourmi est friande de miel. Nous avons indiqué à la page 48 les moyens de s'en débarrasser.

Le loup des abeilles.

La guêpe pompile ou *philanthus apivorus* ne vit que d'abeilles, qu'elle prend sur les fleurs ou sur les guichets pour les transporter dans sa galerie étroite, creusée dans un terrain sablonneux bien exposé au soleil.

Loup des abeilles *(Philanthus apivorus).*

La guêpe commune.

La guêpe commune cherche à pénétrer dans les ruches pour se gorger de miel. Elle réussit à le faire, quand les ruches sont faibles, et lorsque le froid force les sentinelles à se retirer du guichet. On détruit les guêpiers de la manière suivante: Le soir, quand toute la colonie est rentrée chez elle, prenez une languette de linge, trempez-la dans de la térébenthine, bourrez-en le trou des guêpes, en ne laissant aucune autre issue, et le lendemain matin vous trouverez celles-ci asphyxiées jusqu'à la dernière (v. en outre page 19).

La fausse-teigne ou galerie.

Il y a la grande et la petite fausse-teigne. Ces papillons grisâtres et nocturnes (v. fig. page 23) sont des ennemis redoutables pour les colonies faibles. Ils s'introduisent dans les ruches pour y déposer leurs œufs. Les larves blanches qui éclosent de ces œufs s'enfoncent dans les cellules pour en dévorer la cire ; elles ne touchent ni au miel ni au couvain, mais elles minent les rayons si profondément qu'ils finissent par s'affaisser sur eux-mêmes. Les tabliers sont à tenir bien propres, et il faut bien calfeutrer les ruches. Les fausses-teignes s'introduisent difficilement par l'entrée des abeilles.

Le Sphinx (Tête-de-mort.)

A l'arrière-saison se présentent au rucher de gros papillons phalènes (on dirait des chauves-souris) pour pénétrer par les guichets mal surveillés et se gorger de miel. Ce sont des sphinx, voleurs hardis, qui se présentent surtout dans les années

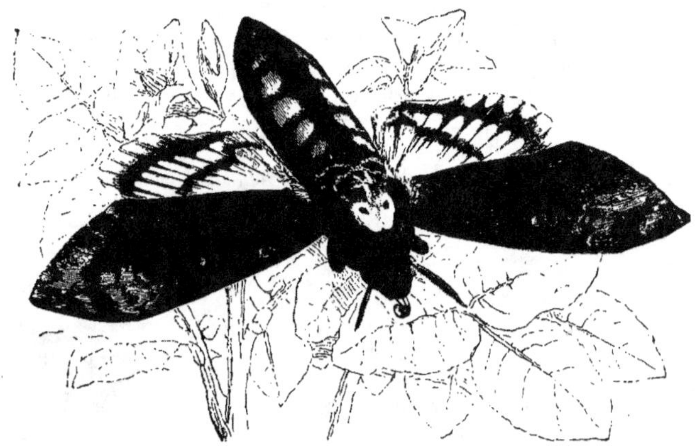

Sphinx (Tête de-mort.)

sèches. Ils pénètrent le soir dans les ruches, sans trop craindre les abeilles et s'y gorgent chacun d'une cuillerée de miel. Ils font entendre un son aigu et plaintif qui jette les abeilles dans l'épouvante. Celles-ci finissent parfois par les étouffer en les enveloppant de leurs corps.

Les quadrupèdes.

Parmi les quadrupèdes nous citons les souris, les musaraignes, les rats, les ours, les mulots, la fouine et le putois.

Les musaraignes.

Les musaraignes (v. fig.) exercent souvent de grands ravages dans les ruchers. Le corps svelte et mince des jeunes leur permet de passer par de petites ouvertures. Elles ne mangent pas de grains empoisonnés ou de pillules phosphorées, parce qu'elles ne sont que carnivores. C'est avec le lard cru mis sous la tuile tendue comme piège qu'on les attrappe le plus facilement. Un morceau de tôle perforée qui ferme le

Musaraigne.

guichet en hiver et qu'on soulève aux jours de grandes sorties, empêche ces hôtes incommodes de pénétrer dans les ruches.

Les oiseaux.

Au nombre des oiseaux qui sont des destructeurs d'abeilles figurent le pivert, l'hirondelle, le rouge-queue, le gobe-abeilles, le moineau quand il a des petits à nourrir, la fauvette, la cigogne quand elle se promène au milieu des fleurs, et la mésange qui, à l'entrée et à la sortie de l'hiver, incommode les ruches pour en faire sortir les abeilles et les dévorer ensuite.

Éloignez les oiseaux apivores de votre rucher, sans cependant les tuer ; parce qu'ils mangent aussi beaucoup d'insectes nuisibles.

CINQUIÈME PARTIE

INSTRUCTIONS SPÉCIALES

Contrôle des ruches à système mobile.

Le système mobile permet à l'apiculteur de contrôler, à tout moment, l'intérieur de ses ruches. Cet avantage est fort précieux, lorsqu'il s'agit de faire une inspection à fond de toutes les colonies : 1° pour s'assurer si elles ont du couvain régulier ; 2° pour enlever des rayons vides, superflus jusqu'au moment où le couvain doit gagner plus d'extension ; 3° pour réunir une ruche orpheline à une autre ; 4° pour marier ensemble des colonies faibles ; 5° pour éloigner du nid à couvain des bâtisses à grandes cellules ou des bâtisses trop noircies ayant déjà servi pendant 8 à 10 ans ; 6° pour récolter le miel et pour donner des rayons de miel aux ruches nécessiteuses ; 7° pour remplacer les mères invalides ; 8° pour soigner et guérir des ruches loqueuses.

Beaucoup de débutants, même bon nombre d'apiculteurs, abusent de cet avantage, et cela au détriment des ruches. Ils s'imaginent que les ruches ne peuvent prospérer, si elles ne sont pas démontées tous les quinze jours. Mais ce dérangement continuel nuit aux abeilles. Celles-ci demandent à ce qu'on les trouble le moins possible. Aussi conseillons-nous aux novices de ne pas faire de leurs ruches des jouets et de ne les visiter intérieurement que lorsqu'il y a absolue nécessité. Celle-ci se présente ordinairement au printemps, à l'époque de l'essaimage et en automne. Pour ne pas se fatiguer inutilement et gaspiller leur temps en pure perte, nous conseillons aux novices d'étudier les allures des abeilles devant le guichet ; de la sorte, ils apprendront à connaître l'état intérieur des ruches, sans faire de fausses manœuvres. Nous allons leur donner ici quelques indications, pour les guider dans leurs observations.

Une ruche se trouve dans les conditions normales :

1° Quand ses abeilles sont actives ; en d'autres termes, quand elles se hâtent de sortir dans les champs et quand elles rentrent précipitamment ; 2° quand il y a un va-et-vient continuel, sans qu'il y ait lutte entre les abeilles ; 3° quand les butineuses sont chargées de grosses pelotes de pollen ; 4° quand, en respirant l'air qui sort du guichet, on trouve qu'il s'en dégage une bonne odeur ; 5° quand les abeilles font entendre un bruissement, lorsqu'on lance un peu de fumée de tabac par le guichet, et qu'après 3 ou 4 secondes tout est de nouveau calme.

Une ruche est, par contre, à noter comme *suspecte*:

1° Quand ses butineuses rentrent avec de toutes petites pelotes de pollen, tandis que celles d'autres ruches en apportent de grandes. C'est ordinairement le signe que la ruche est orpheline.

2° Quand les abeilles ne produisent qu'un son faible, lorsqu'on souffle dans le guichet. Ce son triste est un signe que la colonie est faible et que le miel commence à diminuer. Si le son se fait à peine entendre, lorsqu'on y souffle à différentes reprises, on peut être sûr que la colonie est prête à mourir de faim.

3° Quand les abeilles sont peu actives et que le va-et-vient se réduit à quelques rares abeilles, lorsque les ruches voisines sont très assidues. C'est une apathie qui dénote ou bien une population faible ou une ruche malade.

4° Quand les sentinelles saisissent au vol des abeilles qui veulent s'approcher du guichet. Cette lutte est provoquée par la présence de pillardes et avertit l'apiculteur qu'il faut rétrécir l'ouverture du guichet et surveiller la ruche.

5° Quand une odeur infecte s'échappe du guichet. Il faut, dans ce cas, s'assurer de suite, mais avec précaution, si la ruche n'a pas la loque.

6° Quand des ordures de la fausse-teigne garnissent les deux côtés du guichet. Ces ordures, ressemblant à des graines de pavot noir, proviennent de fausses-teignes qui rongent les rayons et que, pour cette raison, il faut éloigner.

7° Quand les ouvrières transportent dehors une masse de cadavres de nymphes. C'est un signe que les provisions sont à leur déclin et que le mauvais temps contrarie les butineuses.

8° Quand une ruche ne se débarrasse pas des mâles, lorsque les autres l'ont déjà fait. C'est ordinairement une preuve que la colonie n'a pas de mère.

9° Quand les abeilles sont inactives et font barbe. C'est un signe que la colonie manque d'air et d'espace ou qu'elle est trop exposée à la chaleur.

10° Quand une ruche néglige de faire le soleil d'artifice pendant quelque temps, tandis que les autres profitent des journées propices pour le faire. Cette abstention prouve que la ruche n'a pas de jeunes abeilles, qui ont besoin de s'exercer au vol, ce qui se fait ordinairement entre midi et deux heures, et une ruche qui n'a pas de jeunes abeilles manque de mère.

11° Quand des abeilles mourantes se traînent sur le guichet et tombent sur le sol, on est sûr d'avoir une ruche qui lutte avec la disette. Il faut, dans ce cas, l'emporter aussitôt dans une chambre chauffée et verser au milieu des abeilles quelques cuillerées de bon miel liquide. A mesure que les abeilles se réchauffent, elles commencent à absorber le miel et à reprendre vie et vigueur. Pour empêcher les abeilles de s'envoler, on enveloppe la ruche d'une nappe. Le soir, on lui donne au moins deux ou trois livres de miel ou de sirop, et le lendemain matin on la reporte au rucher. On la nourrit de temps en temps encore, mais toujours le soir.

Outre le guichet, l'apiculteur peut encore avoir recours à la porte vitrée pour tâter le pouls à ses ruches. Au printemps, quand la population augmente petit à petit, les abeilles commencent à se montrer sur le dernier rayon. Veut-on connaître la force de la population, on frappe du doigt quelques coups sur la vitre ; si la ruche est bien peuplée, les abeilles effrayées vont se présenter rapidement et en masse. En donnant un coup sec sur la vitre, une forte colonie y répondra par un bruissement bien fort et très court, tandis qu'une faible ne fera entendre qu'un léger murmure ; une ruche orpheline répond par un bruissement prolongé qui ressemble à des lamentations.

Asphyxie momentanée.

Premier procédé, à l'aide de la vesse-de-loup. La vesse-de-loup commune, dite *bovista* est un champignon qu'on trouve le plus souvent dans les bois, sur les lieux stériles, le long des routes et des allées. Elle se montre principalement en automne. En la comprimant à l'état sec, il en sort avec une grande vitesse une poussière brune. Il en faut quatre ou cinq, grosses comme une noix, pour opérer sur une ruche. Voici comment on procède : On place la ruche sur une autre ruche vide, de même diamètre, on l'entoile avec deux essuie-mains liés ensemble, on met les vesses-de-loup, ouvertes préalablement, dans un smoker ou enfumoir avec soufflet sur un charbon ardent, on enfonce la douille du smoker ou de l'enfumoir dans le trou de vol de la ruche vide et on fait jouer le soufflet. Après quatre coups, les abeilles se mettent déjà en bruissement qui va en s'affaiblissant au bout de deux à trois minutes. Dès que le bruissement cesse, les abeilles sont asphyxiées et tombées dans la ruche vide. Pour les faire tomber toutes, on donne un coup sec de la main sur la ruche. Quand on emploie la vesse-de-loup, dite des bouviers, qui ordinairement a la grandeur d'une pomme, on en prend un morceau gros comme un œuf pour opérer sur une ruche. A défaut de ruche vide, on peut aussi pratiquer un trou de 20 centimètres dans la terre, y étendre une serviette et placer la ruche dessus pour opérer ensuite comme il a été dit plus haut.

Deuxième procédé avec le sel de nitre dit salpêtre. On fait dissoudre par ruche 5 grammes de salpêtre raffiné dans de l'eau tiède; on fait absorber ce liquide par un chiffon de laine ou de coton grand comme la main ; on sèche ce chiffon, on l'enroule et on le met dans le smoker ou enfumoir garni d'un petit charbon ardent et on procède comme avec la vesse-de-loup.

A défaut de smoker ou d'enfumoir avec soufflet on se sert d'un petit pot de fleurs qu'on place dans la ruche vide ou dans un trou, sur une toile, on glisse le chiffon nitré dessous, quand il brûle et on pose lestement la ruche sur le trou. S'il se perd trop de fumée pendant l'opération, l'asphyxie ne sera pas complète et il faut recommencer. On emploie un pot de fleurs, parce que la fumée peut s'échapper par le trou supérieur, sans que la flamme puisse atteindre les abeilles. Les abeilles asphyxiées par les procédés que nous venons de donner, ont perdu la mémoire du passé et restent dans la ruche à laquelle on les réunit, sans songer à retourner à leur ancienne demeure. Il va sans dire que cette asphyxie ne peut être opérée avec des ruches qui ont du couvain, car on y tuerait toutes les larves et nymphes non operculées.

Vesse-de-loup, dite Bovista.

Réunion des abeilles asphyxiées aux ruches faibles. — Vers le soir, lorsque les abeilles sont toutes rentrées, on asphyxie la population faible, puis on l'asperge légèrement d'eau bien sucrée, mais tiède, on la répand ensuite sur les rayons de la ruche avec laquelle elle doit être réunie. Pour bien disposer la colonie qui doit recevoir les abeilles, on n'a qu'à l'asperger aussi d'eau sucrée, après avoir enlevé le couvercle. L'opération ne doit pas se faire par une température trop basse; douze à quinze degrés R. suffisent déjà. Les abeilles asphyxiées recouvrent leurs sens dans dix, vingt, trente ou cinquante minutes.

Transvasement.

(Procédé Kraemer.)

On entend par transvasement l'opération qui consiste à faire passer les abeilles avec armes et bagages d'une ruche à bâtisses fixes dans une ruche à cadres mobiles.

«Autant de têtes, autant d'avis» — ce proverbe est vrai aussi pour l'opération dont il s'agit. Chaque apiculteur a sa manière de procéder en cette circonstance, et c'est précisément cette multiplicité de moyens qui peut embarrasser le débutant. Voilà pourquoi j'ai pensé qu'un conseil sous ce rapport pourrait être opportun. Je dirai donc en peu de mots comment je procède :

J'entreprends cette opération dans les premiers jours du mois d'avril, et toujours une huitaine de jours avant la floraison du colza. A cette époque les ruches sont ou doivent être très populeuses, elles construisent assez activement et les rayons ne sont pas chargés de miel, ce qui facilite beaucoup le travail. Une quinzaine de jours avant je donne à la ruche à transvaser une devanture semblable à celle du domicile futur (soit un carton peint, soit une natte de paille) pour que les abeilles ne soient pas trop dépaysées lors du délogement.

Par une belle matinée du mois d'avril, voire même au beau milieu de la journée, j'enfume bien ma ruche, je la transporte à quelque distance du rucher (dans une chambre bien éclairée ou dans une grange si c'est possible) et je la remplace provisoirement par une ruche vide. Je la renverse, j'enlève le tablier, et avec un couteau courbé à angle droit et destiné à cet effet, je coupe les rayons le plus près possible du fond, je les enlève l'un après l'autre, et avec une barbe de plume ou une brosse je jette les abeilles dans la caisse vide qui leur est destinée et que j'ai placée à côté de moi, après l'avoir fermée par devant et par derrière et recouverte d'un carton. Il faut y aller avec beaucoup de précaution d'abord, jusqu'à ce qu'on ait trouvé la reine ; mais cela n'est pas indispensable, et il n'est pas donné à chacun de voir sa majesté selon son bon plaisir. De temps en temps quelques bouffées de fumée maintiennent la population dans son engourdissement. Coupant ensuite au besoin chaque rayon sur les côtés pour ménager le couvain, je l'ajuste sous la traverse du cadre maintenu debout par un aide, et je fixe au moyen de deux ficelles, après avoir disposé sous le rayon, dans toute sa largeur inférieure, un carton pour éviter de trop profondes entailles. Je suspends chaque cadre dans la nouvelle ruche, au fur et à mesure qu'il est préparé, en ayant soin de réunir au centre les rayons garnis de couvain. Par quelques coups secs donnés sur la ruche qui vient d'être vidée, les abeilles sont réunies involontairement en une pelote que j'ajoute à la population transvasée ; je ferme la ruche, je la remets à sa première place, et le tour est fait. Celui qui craint de porter sa main sur des rayons couverts d'abeilles, fera bien de chasser d'abord une bonne partie de la population dans une ruche vide, comme s'il voulait faire un essaim artificiel par tambourinage ; l'opération devient par là moins dangereuse — pour qui craint les piqûres.

Au bout de trois ou quatre jours les abeilles ont collé les rayons dans les cadres, et on enlève cartons et ficelles.

Beaucoup d'amateurs collent eux-mêmes les rayons dans les cadres avec un mélange de colophane et de résine blanche ; mais je sais, par expérience, combien ces rayons, surtout lorsqu'ils sont chargés, tiennent peu solidement, et combien il en résulte de désagréments dans les huit premiers jours qui suivent l'opération. Voilà pourquoi je ne saurais recommander ce procédé.

Méthode pour peupler les ruches à système mobile.

(Procédé Thierry-Mieg.)

Je communique cette méthode principalement en vue des nouveaux adeptes qui, ayant acheté un certain nombre de ruches à cadres, désirent les peupler promptement.

Je suppose que l'apiculteur possède 10 ruchées en bon état et en paniers, qu'il voudra voir logées en ruches à cadres ; mais comme il sera encore trop novice peut-être dans les manipulations apicoles, il n'osera se risquer à exécuter le transvasement des bâtisses avec la population, et il n'aura sans doute pas tort, car cette opération exige une certaine pratique, une certaine adresse, et quoique facile, je pense que, pour la faire réussir, il faut presque l'avoir vu exécuter.

Le commençant fera donc mieux de procéder autrement, et de peupler ses ruches avec des essaims que j'appellerai *forcés*; dans ce cas, voici comment il devra s'y prendre : dès le quinze mars, ou aussitôt que la température permettra aux abeilles de sortir sans danger, il donnera tous les deux soirs à chacune de ses ruchées une ou deux cuillerées d'eau miellée ou sucrée, et il continuera ainsi sans interruption jusqu'au moment de l'essaimage. Une ou deux de ces ruches, les plus fortes en population, recevront cette eau miellée tous les soirs, et quand même les abeilles trouveraient du miel dans la campagne. Cette nourriture constante activera considérablement la ponte, et déterminera dans l'une ou l'autre des ruches la construction d'alvéoles de reines. Dans l'intervalle, on aura préparé tous les cadres et on y aura collé de petits rayons indicateurs, coupés sur des rayons vides d'ouvrières. Plus ces morceaux seront grands, mieux cela vaudra, et ainsi on attendra la sortie du premier essaim. Celui-ci paru, on l'introduira dans une ruche à cadres, qui sera mise à la place de la ruche-mère ayant donné l'essaim; quant à cette dernière, elle ira prendre la place d'une autre ruche forte et dont la population lui remplacera immédiatement celle qu'elle aura perdue par l'essaimage. La ruche, ayant dû fournir sa population, sera placée ailleurs, et on aura soin de lui donner pendant plusieurs jours de suite de l'eau contenant un peu de miel, afin de lui permettre de nourrir son couvain.

Revenons maintenant à la ruche-mère; sa vieille reine étant partie avec l'essaim, elle possédera encore, outre une reine fraîchement éclose ou sur le point d'éclore, de cinq à quinze alvéoles de reines à un degré de développement différent, mais dont le premier arrivera à terme au plus tard le onzième jour après la sortie de l'essaim primaire. La ruche-mère essaimera donc une seconde fois le onzième jour; son essaim prendra encore sa place, tandis qu'elle chassera de la sienne, comme la première fois, une autre ruche dont elle absorbera la population; puis, comme un second alvéole arrivera à terme, elle essaimera de nouveau trois jours après, ensuite deux jours après, et enfin tous les jours, jusqu'à ce qu'il ne reste plus d'avéole royal à éclore, ou qu'on cessera de la faire permuter.

On a vu ainsi la même ruche essaimer jusqu'à douze fois; mais dans tous les cas on peut compter sur quatre, cinq ou six jets; de sorte qu'avec une ou deux ruches qu'il fera essaimer naturellement une première fois, l'apiculteur pourra tirer un essaim de chacune de ses dix ruchées, tout en les conservant pour en tirer de nouveau l'année suivante s'il le juge à propos.

Je crois que la description que je viens de faire des opérations, est assez claire pour avoir pu être comprise facilement. Je veux maintenant indiquer encore une précaution qu'il sera indispensable de prendre lorsqu'on voudra réussir d'une manière certaine; la voici :

En général, lorsqu'en temps d'essaimage un essaim primaire part et qu'on le recueille dans une ruche propre, il est rare qu'il la quitte, parce que la reine est fécondée et qu'elle a un besoin pressant de pondre; mais il n'en est pas de même des essaims secondaires et surtout des tertiaires qui n'ont point d'attaches, si je puis me servir de ce terme; de sorte que, quand la jeune reine quitte la ruche pour se faire féconder, elle entraîne souvent avec elle la population tout entière, et l'essaim décampe, comme on dit vulgairement. Eh bien, on peut éviter cet accident, en fixant dans un cadre de la ruche, avec deux ou trois petites ficelles, un morceau plus ou moins grand d'un rayon contenant à la fois du couvain d'ouvrières operculé et du couvain non operculé, qu'on aura enlevé à la ruche immédiatement après la sortie de l'essaim ou qu'on aura pris à une autre ruche. Lorsqu'on possède déjà des ruches à bâtisses mobiles, il suffit de suspendre un cadre contenant du couvain dans la ruche vide, et tout est dit.

Il est un autre point qu'il ne faut pas perdre de vue et que les apiculteurs négligent généralement : c'est qu'il est essentiel de nourrir fortement les essaims aussitôt leur mise en ruche, lorsque ceux-ci ne sont pas très forts ou que le mauvais temps empêche les abeilles de butiner. Je ne saurais assez recommander cette spéculation qui tournera toujours à l'avantage du propriétaire d'abeilles.

J'allais oublier de signaler encore une petite précaution à prendre ; elle consiste à faire ressembler le devant des ruches dont on soutirera les populations aux ruches dans lesquelles celles-ci devront entrer ; on évitera ainsi que, dans leur indécision, les abeilles ne soient tentées de se jeter sur les ruches voisines. En conséquence, plusieurs jours avant d'entreprendre les mutations, on masquera les grands guichets des paniers avec un morceau de latte ou de planche, si l'encadrement des nouvelles ruches est en bois, ou avec un petit paillasson droit et plat, si les nouvelles ruches sont entièrement en paille, en laissant, bien entendu, un passage d'un centimètre de hauteur entre le masque et la planche de support.

Manière d'emballer et de transporter les ruches peuplées.

Le transport des ruches peuplées, sur voiture ou par chemin de fer, surexcite plus ou moins les abeilles. Cette surexcitation est causée : 1° par les secousses que subissent les ruches durant le transport ; 2° par la lumière vive du soleil ou des lampes, lorsqu'elle peut pénétrer dans l'intérieur de la ruche à travers les grillages fixés sur les ruches pour donner accès à l'air frais ; 3° par une trop grande chaleur qui se développe dans les ruches, lorsque l'air frais ne peut pas suffisamment y pénétrer et l'air chaud s'en échapper ; 4° par l'affaissement des bâtisses. Or, comme une trop grande surexcitation peut facilement causer la mort des abeilles et amener la ruine des ruches, il faut éviter de la provoquer. A cet effet on soigne l'emballage des ruches déjà la veille, sinon plus tôt encore, pour donner aux abeilles le temps de se calmer jusqu'au moment du départ. L'emballage consiste : 1° à fixer les oreilles des cadres avec des pointes ; 2° à élever les derniers rayons garnis de miel s'affaissant facilement, pour les transporter à part dans une caisse et les remettre dans les ruches, lorsque celles-ci seront arrivées au lieu de destination ; 3° à remplacer les rayons de miel par des cadres vides et à préparer de la sorte un lieu de refuge aux abeilles, en cas d'accident ; 4° à fixer deux pointes dans chaque paroi latérale de manière à empêcher les derniers cadres de se déplacer et de balancer ; 5° à faire appuyer les rayons sur deux baguettes que l'on glisse entre les traverses inférieures des cadres et le tablier.

Pour empêcher le développement d'une trop grande chaleur à l'intérieur de la ruche et permettre à l'air frais d'y pénétrer suffisamment, il faut enlever tout le couvercle de la ruche, quand la température est élevée, et la moitié seulement, quand elle est assez basse. Le couvercle enlevé est remplacé par un grillage de toile métallique. Ce grillage se compose d'un châssis en bois, sur lequel on cloue une toile métallique d'un tissu aussi espacé que possible. Quand le couvercle n'est pas mobile, et qu'on ne peut pas l'enlever facilement, on remplace la vitre et la portière par un châssis de toile métallique. Il va sans dire que ces grillages doivent être solidement fixés, pour éviter la fuite des abeilles et les accidents. A défaut de toile métallique on peut aussi recouvrir et fermer les ruches avec de la grosse toile d'emballage ; les abeilles ne la rongent pas, quand le transport n'est pas d'une trop longue durée.

Quand une ruche est bien peuplée, il faut bien se garder de n'y donner accès à l'air que par une ou deux ouvertures dont chacune ne mesure qu'un décimètre carré. Aussitôt que la ruche est en mouvement, une centaine d'abeilles se précipitent vers ces ouvertures et les bouchent complètement avec leurs corps, de sorte que l'air est intercepté et que les abeilles sont étouffées par la chaleur intérieure qui peut arriver à 50° R. par suite de la surexcitation.

Pour empêcher la lumière de surexciter les abeilles, il faut faire le transport durant la nuit, surtout quand il s'agit de faire un long voyage. Le transport, se fait-il durant le jour, on cloue deux listeaux, gros comme le pouce, sur le chassis ; sur ces listeaux on fixe une étoffe noire ou bien un carton qui atténue l'intensité de la lumière, sans cependant empêcher l'air de circuler dessous.

Pour prévenir les fortes secousses ou, pour mieux dire, les coups de grâce que reçoivent les ruches pendant le chargement et le déchargement, on fait bien de visser sur chaque paroi latérale une latte, faisant saillie de 20 centimètres de chaque côté et permettant aux employés de les porter facilement, et de clouer aussi des bourrelets de paille tressée au-dessous du tablier. On peut aussi amoindrir les chocs qui détachent les bâtisses, en plaçant les ruches dans de grandes caisses d'épicier, dont le fond est garni de foin ou de paille, et en les fixant solidement, à l'aide de fil de fer ou de cordes à ces caisses. Dans ce cas, les lattes, faisant saillie, sont superflues.

A côté de l'adresse on colle un écriteau, en caractères bien lisibles : *Attention! Abeilles vivantes! Bâtisses très fragiles! Ne pas bousculer ni renverser!* Au moment d'enlever les ruches du rucher on bouche solidement les guichets avec des chiffons bien mouillés. Les abeilles restent bien plus calmes que si l'on met devant le guichet un grillage qui leur fait trop remarquer leur emprisonnement.

Avant le départ on arrose légèrement, à l'aide du pulvérisateur ou de la brosse, les bâtisses que l'on peut atteindre à travers le grillage avec de l'eau fraîche. A l'arrivée on fait de même. Cinq minutes après on ouvre le guichet.

Quand on veut transporter des ruches uniquement pour les faire participer à une exposition, on fait bien de choisir celles qui ont des bâtisses de 2 à 4 ans ; les les jeunes bâtisses sont trop fragiles. Aussi ne faut-il pas y amener les ruches les mieux approvisionnées de miel. Ce ne sont pas les ruches les plus lourdes en fait de miel qui méritent les premiers prix, mais bien celles qui, par rapport à la reine, à la population, aux bâtisses correctes, dénotent un apiculteur connaissant son métier.

Le transport des ruches en panier se fait le mieux en les plaçant à ciel ouvert. On glisse des baguettes entre les bâtisses, pour empêcher celle-ci de s'adosser l'une sur l'autre, puis on les ferme avec une grosse toile d'emballage et on les place dans de grands paniers garnis de foin ou de paille, de manière que la toile d'emballage se trouve au haut du panier.

Procédé Parrang.

«La prévoyance est mère de la sûreté», dit le proverbe que tout le monde connaît. C'est à l'apiculteur tout particulièrement qu'il importe de se souvenir de ce sage avertissement, quand il est sur le point d'expédier des ruches à des distances assez éloignées, soit à des acheteurs, soit pour cause de déménagement ou autres.

Il est généralement admis que les abeilles, fortement ébranlées durant le transport sur voiture et par chemin de fer, ont besoin d'une très grande quantité d'air frais. Je ne veux nullement contester cette opinion. Toutefois je doute fort que le manque d'air frais soit la seule cause de la perte partielle ou totale des abeilles durant le transport, et je suis au contraire fortement convaincu que la lumière vive qui tombe sur les châssis de toile métallique, cloués sur ou derrière les ruches, amène plus souvent des pertes. Car, à mon avis, les pauvres abeilles, surexcitées par l'ébranlement du véhicule et attirées par la lumière qui pénètre à travers le châssis, commencent à voltiger et se tuent à force de faire des efforts pour franchir l'obstacle qui les tient enfermées. Celui qui doute de cette assertion, n'a qu'à observer les abeilles qui se trouvent dans une chambre, et qui, attirées par la lumière, viennent voltiger contre les fenêtres fermées. Il constatera sans difficulté qu'au bout de très peu de temps elles se seront tuées, épuisées par leurs vains efforts ; l'air frais ne leur a certainement pas fait défaut. Si, au contraire, on ferme les volets des fenêtres où voltigent des abeilles, et qu'on appuie un rayon contre une vitre, ou qu'on le place sur la banquette, on les verra se tranquilliser sur-le-champ et se réunir même par groupes sur le rayon, ce qu'elles ne font jamais tant qu'elles voient la lumière. Les apiculteurs qui voyagent avec leurs ruches, dans la bruyère, savent parfaitement que l'obscurité influe beaucoup sur la tranquillité des abeilles. C'est pourquoi ils ont coutume de ne voyager avec elles que pendant la nuit. Cependant, il est parfois impossible de faire le transport durant la nuit, surtout quand la distance est assez considérable. Je crois rendre service en publiant ma manière de procéder dans ce cas.

Pour troubler le moins possible les ruches pendant le transport, j'ai soin de clouer dès la veille, sur l'ouverture supérieure de la ruche, d'où j'enlève, sinon tout le couvercle, au moins la dernière moitié, un morceau de toile métallique et ensuite deux listeaux par-dessus lesquels je fixe un morceau d'étoffe foncée, pour atténuer l'intensité de la lumière. Pour prévenir tout dérangement dans l'intérieur de la ruche, je fixe les oreilles des cadres avec une pointe, qui peut être ensuite facilement enlevée, et au-dessous des rayons je place deux petites baguettes qui leur servent d'appui.

Cela fait, j'enlève la fenêtre par derrière, puis j'enfonce, et cela assez haut et assez bas, à une distance d'un centimètre environ du dernier rayon, dans chaque paroi latérale deux pointes, derrière lesquelles je glisse un châssis de toile métallique qui s'adapte bien à l'intérieur de la ruche, et que je fixe avec quatre pointes, disposées comme les premières. A la place de ce châssis on peut aussi employer une grosse toile d'emballage qu'on cloue en place de la portière. Pour empêcher les employés des chemins de fer de placer ou de porter les ruches sens dessus dessous et de les bousculer en les chargeant et déchargeant, on fixe une latte sur chaque côté de la ruche sous forme de brancart, ce qui permet de la soulever et de la porter commodément.

S'il y a à craindre un refroidissement pour le couvain, on couvre les ruches pendant la nuit d'une toile ou d'un sac jusqu'au moment du départ. Pour empêcher la lumière de pénétrer par derrière, on fixe également sur le châssis ou sur l'ouverture de la porte un morceau d'étoffe d'une couleur sombre. Le moment du départ arrivé, on n'a plus qu'à boucher le guichet avec un chiffon mouillé, ce qui, avec un peu de précaution, peut être fait presque sans aucun bruit. Il est inutile de dire que le bruit est toujours nuisible aux ruches déjà fermées.

Quand les ruches sont remplies de rayons de miel, on fait bien de sortir ces rayons et de les envoyer à part dans une caisse. En outre, je conseille de placer les ruches durant le transport sur des touffes de paille ou bien d'en fixer sous le tablier, ou mieux encore de les placer dans des harses, grandes caisses ou tréteaux, dans lesquels on met une assez forte couche de paille ou de mousse.

Enfin on aura soin d'écrire bien distinctement et en gros caractères au-dessus de l'adresse : *Attention ! Abeilles vivantes, ne pas bousculer ni renverser.*

La Ruche alsacienne-lorraine double.

Les apiculteurs sont parfois dans le cas de se dire : « Les ruches sont faibles en population et les miellées sont insignifiantes, à quoi sert-il de mettre une ruche vide au-dessous ou au-dessus d'une ruche peuplée? Cela n'avancera en rien nos abeilles ! » En effet leurs ruches ne peuvent pas prospérer uniquement par ce procédé ; car si la superposition seule suffisait, nous dirions de superposer de suite 2 ou 4 caisses l'une sur l'autre. *Par ruche double il faut comprendre non seulement une habitation doublée, mais aussi une population double.* Au printemps 1889 la floraison des arbres fruitiers et du colza avait lieu dans la première quinzaine du mois de mai, par un temps splendide ; aussi les abeilles butinaient-elles pendant ce temps avec une activité fiévreuse. Cependant les rayons du soleil étaient trop brûlants, les fleurs se fanaient et un violent orage, accompagné d'une pluie battante, mit fin à cette belle flore et la fit disparaître dans une seule nuit. Les fortes ruches seules sont parvenues à amasser du miel dans les hausses ; les ruches moyennes n'ont pas même

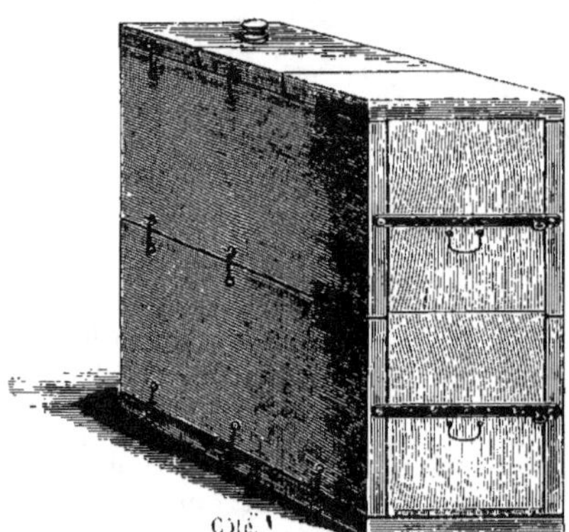

Ruche alsacienne-lorraine double.   Derrière.

réussi à faire briller le miel sur le dernier rayon de la ruche inférieure. La floraison du printemps était d'une courte durée, et les butineuses n'étaient pas en nombre suffisant pour l'exploiter convenablement. A l'arrivée du 20 mai, je me suis dit: « Dans quinze jours la moutarde va fleurir ; si je ne double pas mes populations, mes pots à miel resteront vides cette année. » Sans tarder plus longtemps, je me suis mis à rechercher les mères d'une dizaine de ruches assez faibles pour les supprimer ; j'ai ensuite placé un morceau de naphtaline dans chacune des ruches rendues orphelines, de même un morceau dans chaque ruche voisine devant recevoir les populations orphelines. Vers le soir, j'ai superposé les ruches orphelines sur les ruches destinées à les recevoir. Chez les unes j'ai fait usage de la cloison perforée pour les séparer, chez les autres je ne m'en suis pas servi, ce qui valait mieux pour les butineuses de pollen, restant accrochées dans les passages. La superposition n'était qu'un jeu, grâce aux couvercles et aux tabliers mobiles de mes ruches neuves. Le lendemain mes ruches, doublées la veille, étaient des plus paisibles. Quinze jours plus tard, la moutarde étalait une flore magnifique, et les rayons de la ruche supérieure se remplissaient de miel au fur et à mesure que le couvain y éclosait. Je pouvais les extraire deux fois et approvisionner plus tard avec eux mes essaims artificiels. *Les ruches puissantes en population et une bonne provision de rayons vides, quand la miellée donne, voilà le grand secret de l'apiculture qui procure d'abondantes récoltes.* Nous engageons certains apiculteurs à user de ce secret, et ils cesseront de crier au charlatanisme ou même d'accuser leurs collègues de nourrir leurs abeilles avec du sucre pendant les grandes miellées pour récolter beaucoup de miel.

Certains lecteurs seront étonnés d'apprendre que je fais des essaims artificiels tout en recommandant dans mes conférences d'empêcher l'essaimage et de ne pas diviser les populations. Mais là où il y a réunion de populations avant les grandes miellées de mai ou de juin, il faut nécessairement les diviser de nouveau, quand les miellées ont cessé, autrement le rucher le plus peuplé se réduirait à une seule ruche dans quelques années. L'essaimage artificiel réussit à merveille, quand on peut puiser dans des ruches doublées.

Après les années d'abondance, suivies d'un hiver clément, les ruches sont rarement dépeuplées au printemps. Bien au contraire, elles sont si avancées, qu'on n'a pas besoin de les doubler par des réunions, surtout si les miellées n'arrivent que fin mai. Mais à la place d'une petite hausse, il vaut mieux employer une ruche vide, garnie de rayons, pour exploiter les miellées. En doublant ainsi la capacité de la ruche, on prévient l'essaimage, sinon complètement, du moins en grande partie, même sans intercaler la cloison perforée ou sans placer la mère avec deux ou trois rayons de couvain à l'étage supérieur. Mais toujours est-il que ce procédé empêche le plus sûrement l'essaimage. Ecoutons aussi l'avis d'autres apiculteurs expérimentés. M. Herrchen, secrétaire de la Société d'apiculture du Palatinat, vint me trouver le 1er septembre pour examiner mes ruches doubles. Je lui fis mettre la main à l'œuvre. En moins d'un rien il avait passé la revue de la ruche supérieure, servant de hausse. Il la mit de côté, examina tout aussi vite la ruche inférieure sans refroidir le couvain, sans irriter les abeilles, sans les écraser, sans être obligé d'opérer une heure et sans être piqué à l'envi, comme ceci a lieu, disait-il, quand on fait la révision d'une ruche système Gravenhorst, ou d'une ruche dont le couvercle est fixé par des clous ou des vis et dont il faut entrer et sortir les rayons par la porte de derrière.

M. le Baron A. de Dietrich, président de notre Société pour la Basse-Alsace, en parlant de nos ruches doubles, à M. Devauchelle, président de la Société d'apiculture de la Somme, s'exprime comme suit :

Relativement à mon article concernant l'emplacement que doit occuper le nid à couvain, mon assertion, qu'il doit être sur le magasin à miel, ne doit pas être prise d'une manière absolue, je prétends seulement qu'il peut l'être, et que dans maintes occasions il devrait l'être. Une preuve en est qu'un de nos apiculteurs les plus distingués, M. Zwilling, rédacteur en chef du *Bulletin d'apiculture d'Alsace-Lorraine*, qui n'admettait d'aucune manière ma théorie au moment où je l'ai émise, à ma grande stupéfaction a fait volte-face et dans la même feuille recommande mon procédé pour éviter l'essaimage, chose à laquelle je n'avais pas pensé moi-même.

Vous me demandez si j'ai fait des essais depuis 1885, et si j'ai réussi ? J'avoue très sincèrement que mes quelques essais n'ont pas réussi, et en voici la cause :

Pas plus que les abeilles ne montent dans une hausse, lorsque l'année est mauvaise et qu'elles n'ont rien à y mettre, pas plus elles ne travailleront dans le bas tant qu'elles pourront emmagasiner leur butin dans l'espace où se trouve la mère et le couvain. Or les trois dernières années ont été ou médiocres ou mauvaises, peu ou point de miel, et hausses dessus ou dessous ont été une spéculation manquée; il m'a par conséquent été impossible de pousser l'expérience à fond. Cette année par contre, si j'avais pu prévoir une saison aussi favorable, j'aurais pris mes mesures en conséquence et j'aurais fait faire quelques caisses à 6 ou 8 cadres pour y loger la mère et son couvain pour les superposer à mes caisses qui en contiennent une quinzaine et ne se manient qu'à grand renfort de bras.

Je ne puis pas admettre votre théorie «que l'abeille a toujours une propension «manifeste à loger son butin en haut de la ruche et à défaut de place dans le haut «elle le dépose à l'arrière». Oui, peut-être dans les caisses, où nous les forçons à se loger, mais un essaim qui ira se mettre dans un arbre creux, commencera nécessairement par le haut, et dès qu'il aura achevé quelques cellules, la mère y pondra et elles allongeront leur bâtisse par le bas à mesure que le besoin s'en fera sentir et y construiront même des alvéoles de mâles pour aller plus vite, ce qu'elles font également dans les hausses, lorsque la récolte est abondante.

Dans les paniers j'ai toujours vu prendre le miel dans le bas, et on entame le couvain si l'on taille trop haut.

Par précaution les abeilles mettent toujours une certaine quantité de miel au-dessus d'elles, parce qu'elles sentent bien que c'est là qu'il fait le plus chaud et qu'elles se tiendront là en hiver, mais ce n'est pas une raison pour leur y faire porter celui qu'on leur prendra.

J'avais, et j'ai encore un panier lequel, il y a quelques années, je crois en 1885, avait une très forte population qui ne travaillait pas, faisait continuellement la barbe et ne voulait pas essaimer. Je pris une de mes caisses, je la garnis de cadres construits et de feuilles gaufrées et je mis le panier dessus. Les abeilles recommencèrent à travailler et à emmagasiner dans leur nouveau logement. A quelque temps de là M. Zwilling vint m'apporter deux mères pur-sang italiennes; nous en introduisîmes une dans ma petite ruche dont nous trouvâmes la mère, mais impossible d'en trouver une seconde dans une autre ruche. L'idée nous vint alors de donner cette italienne à la caisse surmontée du panier. L'opération fut vite faite, aspersion d'eau fortement miellée, introduction de la mère, le panier redescendu à sa place, la caisse mise à côté sur un autre tablier, et je fus mis de cette manière en possession d'une nouvelle ruche qui devint italienne et prospéra parfaitement.

Ce procédé de superposition est, à mon avis, le seul véritablement pratique pour passer de l'ancienne routine au système rationnel, c'est-à-dire à celui des cadres mobiles démontables. Mettez votre panier sur une caisse garnie de rayons gaufrés, à défaut de rayons construits, et en automne faites passer toute la population du panier, mère comprise, dans la caisse et supprimez le panier. Démolir un panier, en assujettir les rayons avec leur couvain dans des cadres, est une opération qu'on n'entreprend pas une seconde fois; même si l'on y réussit et si la mère n'a pas péri pendant cette vilaine manipulation, on n'obtient que des rayons courbes et inégaux d'épaisseur, avec lesquels on ne sait que faire.

Si je me voyais obligé d'abandonner mes ruches pendant une saison, je n'hésiterais pas à mettre les meilleures sur des hausses, j'éviterais par là l'essaimage et je ne perdrais rien de la récolte.

Vous voyez donc, Monsieur, que théoriquement, et pratiquement, pour bien des cas, j'ai raison de dire que le nid à couvain devrait être en dessus et le magasin à miel dans la partie inférieure. Bien des apiculteurs diront qu'ils ne peuvent pas le faire avec leurs ruches, et à cela il n'y a d'autre conseil à leur donner que celui de transformer peu à peu ces ruches comme j'ai été obligé de le faire avec les miennes. Adoptez le cadre que vous voudrez, mais n'en ayez que d'une espèce, tous faits sur le même patron, qu'on puisse les extraire de la ruche par le haut et par l'arrière, que porte et fenêtre soient dans les mêmes conditions; que le dessus de la caisse soit composé de planchettes qui se juxtaposent exactement et forment un plancher parfaitement uni, enfin, que le tablier soit mobile et porte son guichet.

M. Limbacher, fils, écrit dans le Bulletin d'apiculture de la Hongrie, Nos 8—10 de l'année 1889, sur les ruches doubles: «Avant l'arrivée de la miellée principale j'ai séparé le magasin à miel de la ruche par une tôle perforée, j'y ai mis la mère et tous les rayons ayant du couvain jeune. Chaque fois que je remarquais que la mère ne disposait pas d'alvéoles pour y déposer des œufs, je m'empressais de lui en procurer. Les ruches, traitées de cette manière, ont dépassé toutes les autres. Non seulement elles n'ont pas essaimé, mais encore elles ont donné un rendement supérieur, et ont été garnies d'abeilles pour la mise en hivernage.»

M. Mündel, pasteur à Kandern, dit: Les Alsaciens-Lorrains récoltent plus de miel que les autres apiculteurs de l'Allemagne, parce qu'ils emploient des ruches doubles, ayant bien plus de capacité et généralement plus d'abeilles que nos petites ruches. Sous ce rapport nous avons été devancés par d'autres nations. Il va sans dire qu'à la révision d'automne la ruche supérieure est de nouveau supprimée, pour faire passer l'hiver aux abeilles dans un seul compartiment.

SIXIÈME PARTIE

DIFFÉRENTS SYSTÈMES DE RUCHES, DE RUCHERS, ET D'ENFUMOIRS

Ruche alsacienne-lorraine.

La ruche alsacienne-lorraine est une caisse en bois à doubles planches, ou à

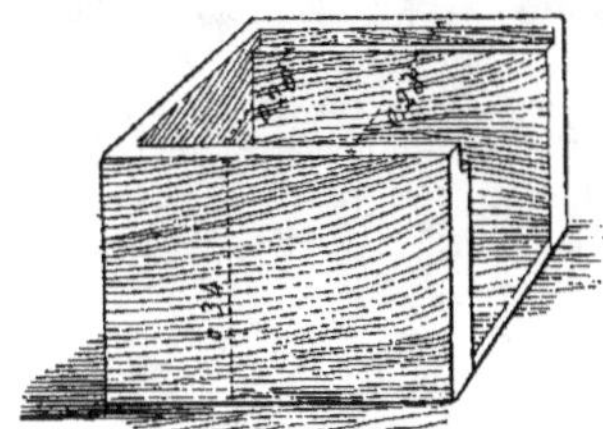

Ruche alsacienne-lorraine en bois, dite Bastian.

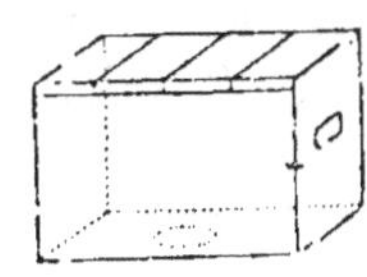

Hausse ou magasin à miel garni de demi-cadres.

parois en paille pressée, garnies intérieurement de planches minces. La longueur varie selon les ressources mellifères de 0m,40 à 1 mètre. La largeur dans œuvre est

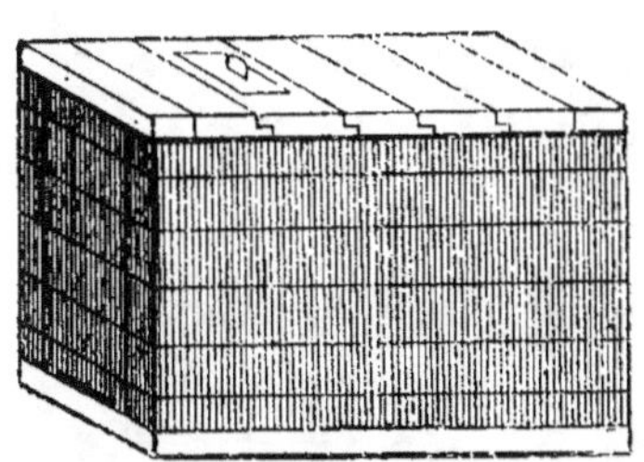

Ruche alsacienne-lorraine en paille pressée, à bâtisses chaudes. Le guichet, parallèle aux rayons, frappe d'abord un seul rayon avant de circuler dans la ruche.

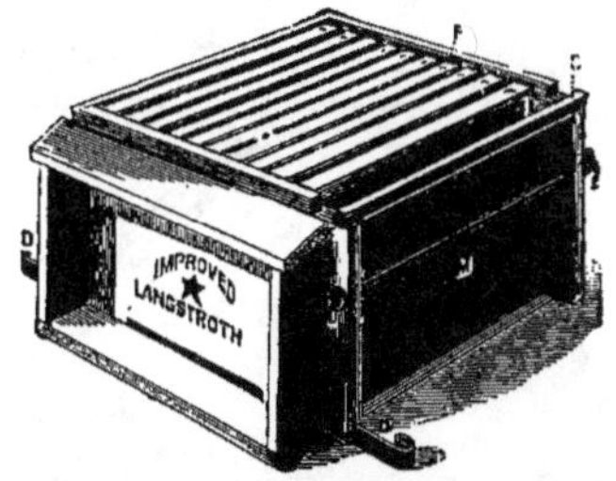

Ruche anglaise et américaine, dite Langstroth, à bâtisses froides. Le guichet, se trouvant placé perpendiculairement aux rayons, permet à l'air de circuler librement entre plusieurs rayons à la fois.

de 0m,26 et la hauteur dans œuvre de 0m,34. Les mesures sont constantes et exactement les mêmes pour toutes les ruches. La portière est mobile, de même que le couvercle, lequel se compose de deux ou de plusieurs parties. Dans les pays bien mellifères les tabliers sont également mobiles, pour pouvoir superposer une ruche sur l'autre; la ruche supérieure sert alors de hausse ou de magasin à miel. Le support de chaque cadre doit avoir une *largeur de trente-six millimètres*, les clous d'écartement y compris. La largeur du cadre est de 24 centimètres, bois compris; la hauteur est de 31 ½ ou 32 centimètres, bois compris, suivant l'espace que l'on donne pour la circulation des abeilles au-dessus et au-dessous des cadres. L'épaisseur du bois du porte-rayon ou support est de 0m,07 et des deux montants de 0m,05. La longueur du porte-rayon est de 0m,28. Le cadre, une fois bâti, peut contenir 6000 cellules d'ouvrières, sur une surface de 7 décimètres carrés.

Le commençant s'adresse de préférence à un bon fabricant pour se procurer une ruche bien faite qui lui servira de modèle pour la fabrication de nouvelles ruches.

Nouvelle Broche d'écartement.

Cette broche d'écartement va, à notre avis, détrôner les pointes dont on s'est servi jusqu'à présent. Que de fois n'est-on pas ennuyé par les pointes à grosses têtes, qui restent accrochées dans les treillages de l'extracteur ou des porte-feuilles. Ces pointes se détachent en retirant les rayons. On oublie de les remplacer, ou bien on les remplace par d'autres pointes qu'on enfonce trop ou trop peu. L'écartement prescrit de 9 mm. disparaît et avec lui la précision voulue qui doit assurer des bâtisses régulières.

La nouvelle broche en question se compose d'une pointe qu'on enfonce entièrement dans les cadres jusqu'à la tête. Cette tête a juste la longueur de 9 millimètres et est taillée à pic, ce qui fait qu'elle n'écrase pas facilement des abeilles et qu'elle ne se colle pas aux cadres (v. fig.). En dépôt chez Mme Ve Eberhardt, place Gutenberg 11, à Strasbourg.

Ruche de M. le Baron Albert de Dietrich de Niederbronn (Alsace).

Cette ruche se compose d'une caisse en bois, à parois doubles ou en bois épais, d'un tablier mobile percé par devant d'un guichet, d'une fenêtre et d'une porte qui

Vue d'ensemble de la ruche de Dietrich.

s'introduisent à frottement dans la partie postérieure et qui permettent d'agrandir ou de rétrécir le logement des abeilles suivant les besoins. La ruche contient douze à seize cadres et peut être surmontée de hausses. On peut aussi superposer deux ruches l'une sur l'autre pour empêcher l'essaimage et augmenter la production du miel, ou bien réunir deux ruches. Le cadre diffère un peu de celui de la ruche Bastian. Il a une longueur de 0^m,305 et une hauteur de 0^m,252 ; arrondissons les chiffres, cela fait 0,^m30 sur 0^m,25. Le liteau a une largeur de 36 millimètres et est entaillé de manière à permettre le passage des abeilles d'un cadre à l'autre. Pour empêcher les cadres de se toucher par le bas, ils ont une proéminence de 9 millimètres à la partie inférieure des montants.

La ruche ne contient dans son intérieur ni clous, ni lames métalliques qui puissent donner lieu en hiver à des condensations d'humidité. Les cadres, par leur construction, se maintiennent forcément à la même distance les uns des autres et des parois de la caisse.

Le plafond se compose de planchettes mobiles de largeur variable, mais ayant une épaisseur constante de 25 millimètres, rabotées bien d'équerre, par conséquent parfaitement jointives, et toutes de la même longueur, afin qu'on puisse toutes les substituer les unes aux autres et fermer exactement tout l'espace compris entre la tête

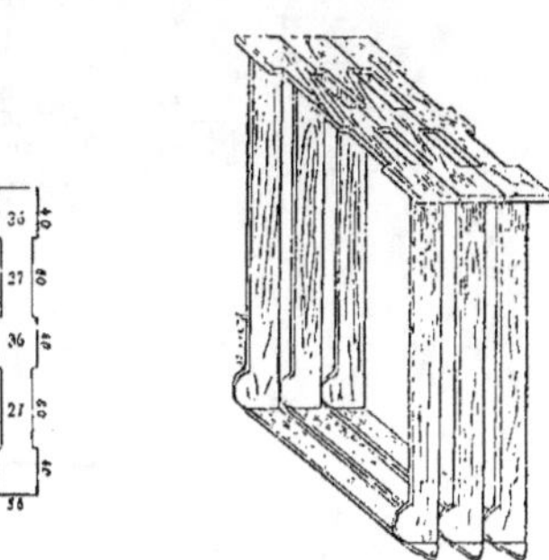

Cadres Dietrich mesure alsacienne-lorraine.

de la caisse et le dessus de la fenêtre. Etant toutes rigoureusement de la même épaisseur, elles forment un plancher continu, parfaitement uni et, en les écartant de quelques millimètres, on peut établir avec la plus grande facilité une communication directe entre le corps de la ruche et un magasin à miel, calotte, hony-box ou autre, qu'on met dessus. Cette disposition facilite toutes les opérations quelconques qu'on est obligé de faire aux ruches, elle rend la tôle perforée superflue, car la mère ne passe jamais par ces communications, soit pour monter dans la ruche superposée, soit pour descendre dans la ruche inférieure.

Un rebord en fer-blanc maintient les planchettes du couvercle en place.

M. le Baron A. de Dietrich a autorisé la Maison Jacob et Schick, Grande-Rue-de-la-Course, 11, à Strasbourg (Alsace), de fabriquer sa ruche, de lui appliquer le cadre alsacien-lorrain et de façonner celui-ci d'après le sien.

Porte de la ruche de M. le Baron A. de Dietrich de Niederbronn.

La porte se compose de deux plaques en zinc découpé glissant l'une sur l'autre (v. fig.). Les deux plaques peuvent fermer complètement le guichet ou ne présenter qu'une seule ouverture en cas de pillage, ou donner lieu à cinq ouvertures, trop petites chacune pour laisser passer une souris, ou enfin en laissant pivoter les deux plaques autour de leur axe, le guichet se présente tout grand ouvert.

Cette porte masque une ouverture EFGH de 100 millimètres sur 15 faite dans le tablier. C'est la pièce A qui glisse sur la pièce B, et les deux sont maintenues en place par la pièce I. Une pointe à large tête en C permet ce glissement.

Ruche Gariel.

La Ruche Gariel (*fig. 1*) est à cadres mobiles s'ouvrant par le haut, avec ventilateur dans le fond. Grandeur du cadre : Hauteur dans œuvre 0^m,20, largeur 0^m,33, surface 6^m,60. Prix de la ruche (*fig. 1*) avec le toit 18 fr. ; prix du chassis extérieur (*fig. 2*) 2 fr.

Cette ruche se compose de dix cadres, de deux cloisons pleines, d'un fond mobile et de sa toiture. Une couverture toile cirée. Une couverture tissu poreux. Il

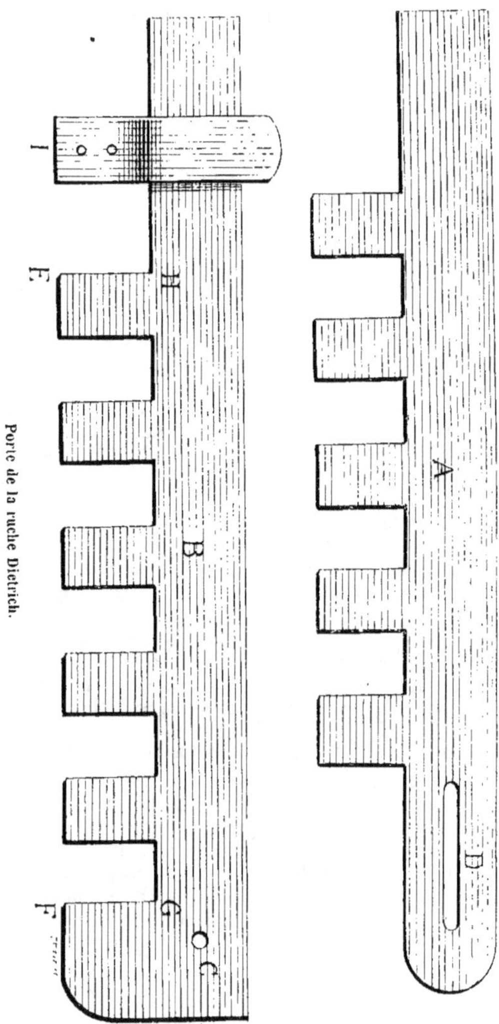

est facile, au moyen des deux cloisons pleines, mobiles, d'augmenter ou de diminuer le nombre des cadres.

Les cadres ou rayons sont placés *perpendiculairement* à l'entrée. Cette disposition porte le nom de *bâtisse froide*; elle facilite la ventilation et permet aux abeilles de reculer en hiver sur les rayons qui les portent de se mettre à la recherche de la nourriture.

Les cadres sont moins hauts que longs, pour engager les abeilles à monter plus facilement dans les hausses.

Le trou de vol est établi sur presque toute la largeur de la ruche, facilitant ainsi la prise de possession aux essaims ainsi que l'entrée et la sortie de butineuses. Ce trou de vol peut se rétrécir à volonté ou même se fermer complètement au moyen de règles mobiles.

Les parois sont doubles. On peut à l'automne isoler la population au milieu de la ruche, à l'aide de deux séparations mobiles, qui en s'ajoutant aux cadres à droite et à gauche, font que les cloisons se trouvent ainsi être doubles toutes les quatre. En remplissant ces quatre murs creux de papier froissé ou de poudre de liège, l'isolation sera complète. Si, en plus, les provisions de la colonie sont suffisantes et la couverture convenable, les abeilles sont dans les meilleures conditions possibles pour hiverner avec succès.

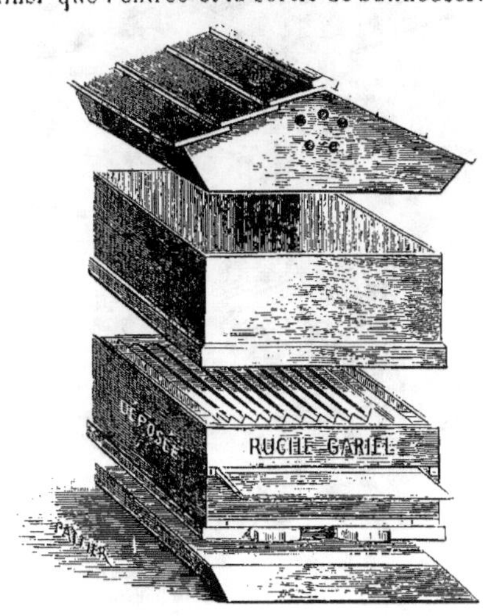

Cette ruche est facile à ouvrir, se prête admirablement à l'élevage des mères ainsi qu'à l'étude si intéressante des mœurs et des instincts merveilleux de l'abeille. S'agit-il de nourrir des ruches à court de provisions ou pauvres en population? le nourrisseur est en place en un instant.

C'est une ruche simple, solide, réunissant toutes les conditions nécessaires pour convenir aussi bien au fermier qu'au châtelain, à l'ouvrier qu'au rentier, et son prix est tellement modéré qu'on peut hardiment affirmer qu'en tenant compte de la différence de rendement ou seulement de la facilité de manipulation, elle est *meilleur marché* que les plus vulgaires paniers. Elle a d'abord l'avantage de pouvoir se mettre partout, au besoin sur quatre pots renversés, et de n'exiger aucune construction ou protection quelconque. Si on a soin de la peindre, elle durera indéfiniment et elle sera un ornement et un sujet d'intérêt partout où elle sera placée.

Ruche Robardet avec sections américaines.

La forme de cette ruche est rectangulaire ; elle peut recevoir jusqu'à 20 cadres, lesquels ont $0^m,036$ d'épaisseur dans tous les angles avec découpage d'un demi-centimètre, pour laisser passer les abeilles. Il existe derrière les cadres, comme dans nos ruches, un châssis vitré qui peut être poussé tout le long de la ruche, en sorte qu'on peut réduire ou agrandir le logement des abeilles, suivant le besoin. Dans le plafond mobile de cette ruche il existe 10 trous circulaires de $0^m,05$ de diamètre, dont les quatres premiers, sur le devant de la ruche, sont grillés de tôle perforée, pour empêcher la mère de monter dans le magasin à miel, y pondre des œufs. Le magasin est mobile et tout rempli de sections américaines. Le tout est coiffé d'un chapiteau en forme de couverte.

M. Robardet a choisi le bois doux et chaud du peuplier grisard pour la fabrication de sa ruche. Toutes les parois sont doubles et creuses, M. Robardet voulant procurer par là à ses abeilles la température la plus régulière qu'il est possible de

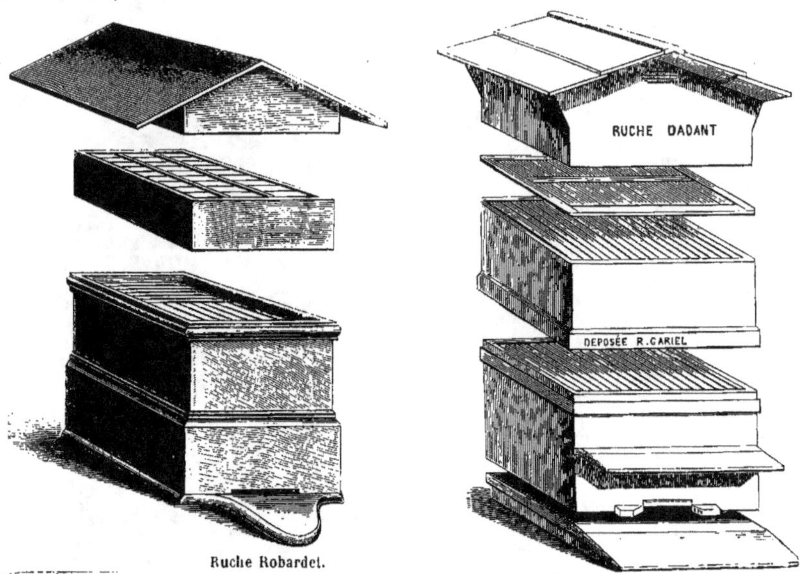

Ruche Robardet.

donner. Les cadres ont, extérieurement, 0ᵐ,32 de hauteur sur 0ᵐ,27 de largeur. Ils peuvent être suspendus dans l'habitation des abeilles de manière que les dix premiers cadres forment bâtisses chaudes ou froides, et les dix derniers des bâtisses chaudes, ou des rayons de miel divisés en sections.

Matelas.

Ruche Dadant Blatt.

Cette ruche se compose de douze cadres avec les dimensions suivantes : Hauteur dans œuvre 26ᶜᵐ,75, largeur 43,50 ; surface 11,63. Elle contient deux cloisons pleines, un fond mobile avec ventilateur, d'une hausse de 12 petits cadres, d'un matelas, d'une planchette de dessus, de deux gabarits pour monter la cire gaufrée avec les fils de fer.

De la construction d'un rucher.

Pour faire de l'apiculture avec agrément, et en même temps avec succès, a dit notre honorable Vice-Président, M. le baron A. de DIETRICH, deux choses sont indispensables : 1° choisir judicieusement l'emplacement de son rucher, et 2° avoir un rucher construit d'une manière pratique.

Une erreur assez généralement répandue dans nos campagnes est de croire

qu'un rucher doit se trouver sur une hauteur : c'est le contraire qu'il faut rechercher, car une abeille pesamment chargée a beaucoup de peine à s'élever dans les airs,
et à mesure qu'elle s'élèvera, elle sera plus exposée à être emportée par le vent dans
une direction opposée à celle qu'elle veut suivre.

Choisissez donc pour y construire votre rucher plutôt un fond, autant que possible à l'abri du vent, mais où le soleil donne dès le matin. Qu'il soit à proximité de
votre habitation, d'un accès facile par tous les temps, pas trop près d'un chemin
fréquenté par des étrangers et plutôt sur un pré que dans un jardin potager où l'on
travaille journellement pendant la belle saison.

Qu'aucun massif de grands arbres ne se trouve devant la façade principale, et
que les guichets ne soient pas masqués par des arbrisseaux ou des plantes grim-
pantes, soi-disant pour donner de la fraîcheur en été, car tous les obstacles sont un
empêchement pour le vol rapide des abeilles, et les branches et les feuilles agitées
par le vent sont un danger pour elles. Quelques petits arbres nains, ou même seule-

Rucher de M. A. de Dietrich à Niederbronn (Alsace).

ment quelques pieds de groseilliers bien touffus, situés à 10 ou 15 mètres en avant
du rucher, sont au contraire un avantage, les essaims s'y posent volontiers et sont
faciles à recueillir.

Réservez tout autour de votre rucher un espace de 2 mètres à peu près de
largeur que vous sablerez et que vous tiendrez toujours propre de toute mauvaise
herbe, afin de pouvoir y voir du premier coup d'œil tout ce que les abeilles rejettent
chaque jour de leur ruche, et pour pouvoir vous-même y faire votre tournée d'inspection avant d'entrer dans le rucher. Le guichet est en effet le pouls de la ruche, c'est
en l'observant que vous aurez les indications les plus certaines sur l'état dans lequel
se trouve chaque ruche et sur les soins à leur donner.

Un rucher doit être assez spacieux[1]) pour qu'on puisse, sans se heurter les coudes
contre les parois ou la tête contre la toiture, transporter ou déplacer ses ruches avec
facilité, et y faire toutes les opérations sans être gêné dans ses mouvements. Plus
l'espace libre intérieur sera grand, plus ce sera agréable pour vous et pour les amis
qui vous honoreront de leur visite.

---

[1]) Le rucher de forme carrée est le plus commode; car, c'est celui qui laisse le plus de place à l'intérieur.

Un rucher doit être très clair, tout en pouvant être mis rapidement dans une obscurité complète. L'obscurité est en effet souvent le seul moyen qu'il vous reste pour maîtriser une ruche ou pour vous débarrasser d'abeilles qui ont envahi le rucher pour y commettre quelque pillage dont vous ne vous êtes pas aperçu à temps. Laissez alors entrer un rayon de lumière par la porte entr'ouverte, les abeilles se précipiteront bientôt toutes de ce côté, soit à pied, soit au vol, et au bout de peu de temps elles auront complètement évacué les lieux, ce que vous ne pourriez obtenir par aucun autre moyen. Les fenêtres vitrées ne valent rien dans un rucher, les abeilles croient pouvoir sortir par là, et y périssent misérablement ; des volets pleins que vous pouvez ouvrir à l'intérieur sont de beaucoup préférables ; plus ils seront grand et nombreux, plus cela sera avantageux, ils vous donneront de la lumière, et de l'air en été par la grande chaleur.

Disposez vos ruches à l'intérieur les unes à côté des autres avec quelques centimètres d'espace entre elles : en hiver vous mettrez de la paille hachée ou du foin dans cet intervalle, et vos ruches se tiendront chaudes les unes les autres.

On dispose les ruches dans un rucher, sur deux rangs, celui de dessous à une hauteur telle, au-dessus du sol, qu'on puisse aisément glisser dessous des ruches vides ou des caisses de même hauteur dans lesquelles on conserve des cadres, et le second rang à une hauteur au moins double pour le cas où l'on voudrait superposer deux ruches. Le rang supérieur se trouvera alors à la hauteur du visage, et pour pouvoir démonter complètement ces ruches, il faudra déjà monter sur un tabouret. Un troisième rang de ruches ne pourrait être manipulé qu'au moyen d'une échelle, ce serait un casse-cou.

Les tablettes sur lesquelles on pose ses ruches doivent être solidement fixées contre les parois, et même au milieu si elles ont une certaine longueur, de manière qu'elles ne cèdent pas sous le poids des ruches, et être parfaitement horizontales surtout de l'avant à l'arrière, car sans cela les cadres pourraient ne pas prendre la position verticale, et les abeilles construiraient leurs rayons en dehors des cadres, ce qui est toujours très gênant lorsqu'on veut les changer de place ou de position.

Il est bon de fixer en dehors du rucher, au-dessous du rang supérieur des guichets, une planche inclinée, de manière que les abeilles des ruches supérieures qui se prennent au collet avec des pillardes ne viennent pas tomber sur les planchettes inférieures, où elles causeraient du trouble et risqueraient elles-mêmes d'être mises à mort. Mettre cette planche inclinée à hauteur des guichets, serait une faute, car elle faciliterait la communication d'une ruche à l'autre et donnerait par conséquent lieu au pillage et à des batailles. — Dans l'intérieur de votre rucher et au-dessus de votre tête, à un endroit qui ne gêne pas l'ouverture des volets, tâchez d'établir quelques lattes que vous espacerez juste assez pour pouvoir y suspendre des cadres amorcés, garnis de rayons gaufrés ou de cire mâle ou d'ouvrières que vous pourrez choisir et décrocher rapidement en étendant votre bras, lorsque vous en aurez besoin au moment de la visite de vos ruches. Ces rayons ainsi exposés à l'air ne risquent pas d'être attaqués par la teigne si vous les écartez un peu les uns des autres. Il est bien entendu que les rayons contenant du miel devront être conservés dans des caisses parfaitement closes que vous remisez sous vos banquettes, d'où vous pouvez facilement les retirer pour y prendre ceux dont vous avez besoin. La place de chaque ruche devra être marquée à l'extérieur du rucher, par un numéro, et à l'intérieur du rucher par le même numéro. Si vous remarquez quelque chose d'anormal sur la planchette de l'une de vos ruches, vous pourrez, au moyen du numéro, trouver facilement la ruche qui y correspond et l'examiner pour voir ce qui lui manque. Pour chaque ruche il est très utile d'avoir une petite ardoise portant sur son cadre le même numéro et sur laquelle on inscrit d'un côté la chronique de la ruche, c'est à-dire la date de l'essaim, l'âge de la reine, etc., etc., et de l'autre la description de chaque cadre qui s'y trouvait lors de la dernière révision et la date de cette révision.

Ainsi, par exemple, ruche n° 8, cadre n° 1, ouvrière, vieux; n° 2, ouvrière, couvain; n° 3, ouvrière, $\frac{1}{3}$ mâle, 2 livres de miel; n° 4, gaufrée 24 juin, etc.. etc., de sorte qu'à un moment donné vous pourrez voir si votre feuille gaufrée n° 4 est construite, retirer le cadre n° 3 contenant des cellules de mâles, etc., etc., sans démonter complètement la ruche, à condition, bien entendu, que vos cadres puissent s'enlever par le haut et par derrière, comme cela existe dans les ruches alsaciennes. Ce ne sont pas les cadres eux-mêmes qui devront porter les numéros; on devra les inscrire sur la tranche de la ruche en regard des cadres, en donnant le n° 1 à celui qui est le plus rapproché du guichet.

A proximité de votre rucher, il est à peu près indispensable que vous puissiez disposer d'une chambre bien éclairée pouvant être hermétiquement fermée, que l'on puisse à la rigueur chauffer, et dans laquelle vous aurez votre extracteur et un banc de menuiserie ou quelques outils avec lesquels vous pourrez rapidement arranger une partie quelconque d'une ruche qui se sera gonflée ou déjetée par l'humidité. Cette

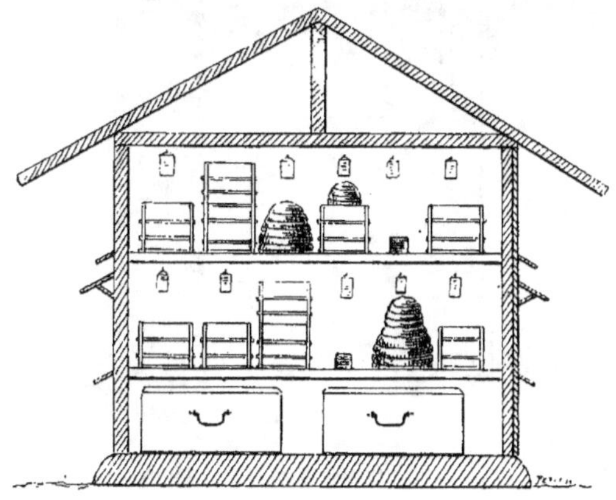

Vue intérieure.

chambre peut être prévue lors de la construction du rucher lui-même, mais il ne faudra pas mettre sous le même toit un véritable atelier de menuiserie accessible à chacun, surtout si votre rucher devait être tout en bois, car l'ébranlement causé par les coups de marteau ferait grand tort à vos abeilles, particulièrement en hiver où le plus grand repos est absolument nécessaire.

Une bonne toiture sur un rucher est une chose essentielle, plus elle sera visible à grande distance, plus elle sera avantageuse, car les abeilles la reconnaîtront de loin, et auront plus de facilité à retrouver leur demeure. C'est au gros de l'été qu'on a le plus à s'occuper de ses abeilles; il est donc important que la toiture soit faite de telle sorte que la chaleur solaire ne puisse pas la traverser : une couche de minces voliges clouées au-dessous des chevrons rendra dans ce cas d'excellents services. Si de plus vos volets s'ouvrent immédiatement sous la toiture, vous ne risquez pas d'étouffer par 30 degrés de chaleur; un plafond ne présenterait aucun avantage.

Le plancher du rucher pourra être fait en terre battue ou mieux en briques posées dans du mortier; en bois, à moins qu'il ne soit fait très soigneusement, il présenterait l'inconvénient de donner asile à de nombreuses colonies de fourmis.

Pavillon en briques.

Ce pavillon a trois étages ; le troisième est desservi à l'aide d'un bon escalier à trois degrés bien larges.

Pavillon de M. Baltzer, caissier central de la Société d'Apiculture d'Alsace-Lorraine.

Rucher rustique.

Ce genre de rucher est assez répandu en Alsace-Lorraine. A l'intérieur il a deux mètres de largeur, ce qui permet à l'apiculteur de s'y remuer sans gêne et d'y manipuler à l'aise. La première banquette est à 40 centimètres de distance du sol, la deuxième est séparée de la première de 90 centimètres à 1 mètre, ce qui permet de superposer commodément deux ruches alsaciennes l'une sur l'autre, la deuxième, à tablier mobile, sert de rehausse. Il n'y a pas de troisième banquette, parce que les opérations y sont trop pénibles. Les volets mobiles peuvent être haussés ou baissés ou même fermés complètement. Étant ouverts, ils servent d'abri aux ruches et de reposoir aux butineuses revenant de la picorée ; étant fermés en hiver, ils empêchent le soleil de donner sur les guichets, et les vents glacials de pénétrer dans les ruches. Pour empêcher les abeilles de se promener d'une ruche à l'autre, on place des planchettes entre les ruches, ou bien l'on éloigne celles-ci de dix centimètres l'une de l'autre. La toiture est en planches goudronnées. Le zinc, servant de toiture, s'échauffe trop en été et augmente trop la chaleur intérieure du rucher, et si la grêle tombe dessus, le bruit infernal qui en résulte, effraie les abeilles au point qu'elles se pré-

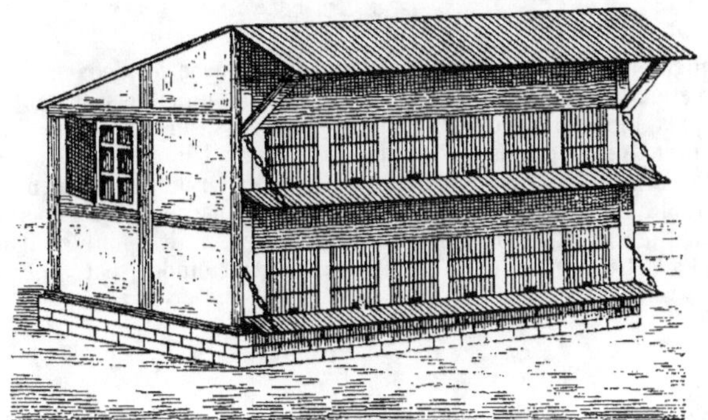

Rucher rustique de M. Bastian de Mundolsheim (Alsace).

cipitent en masse devant le guichet. Pour empêcher les jeunes reines de s'égarer, en

Rucher de l'Hôpital civil de Haguenau (Alsace).

revenant de leurs courses nuptiales, on fait bien de mettre une couleur spéciale autour de chaque guichet.

Pipes nouveaux genres.

(Système Duck.)

Le maniement difficile et continuel du smoker avec les deux mains pour l'empêcher de s'éteindre et la pipe pour fumeurs, trop nuisible à la santé, à force de fumer quelques pipes durant les grandes opérations, m'ont donné l'idée de construire une pipe qui offre tous les avantages désirés : Elle est en très bonne bruyère qui ne brûle point, elle se visse facilement, pour éviter le désagrément de voir tomber le couvercle ou les cendres en feu dans la ruche soumise à l'opération, ce qui surexcite singulièrement les abeilles. On serre assez la vis, pour qu'il ne sorte pas de faux air. La salive ne peut atteindre le tabac et l'éteindre, parce que dans l'inté-

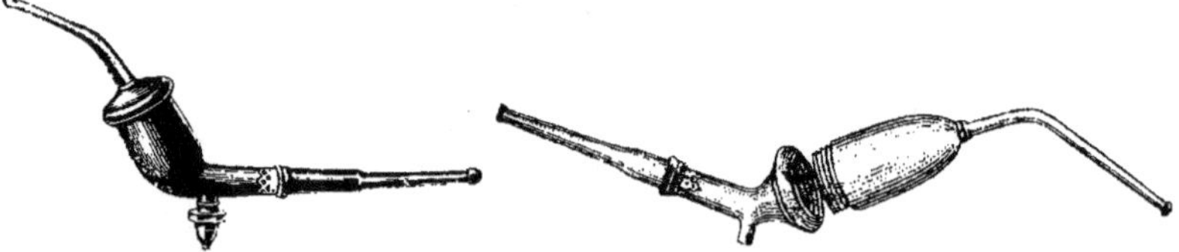

Pipe à réservoir pour fumeur.   Pipe pour non-fumeur.

rieur du cou de la pipe se trouve un tube en os blanc, qui forme réservoir, dont l'eau se vide facilement rien qu'en tenant la pipe contre terre et en donnant une légère secousse.

Manière de se servir de la pipe pour non-fumeurs.

On bourre et allume cette pipe comme une autre avec une allumette ou de l'amadou ; on tire la fumée jusqu'à ce que le couvercle soit vissé dessus, on tourne alors la pipe et l'on prend le tuyau régulier en bouche pour souffler la fumée dehors, suivant les besoins. Pour entretenir le feu, on donne toutes les deux secondes un léger coup de langue qui pousse la fumée dehors. On peut de la sorte opérer tranquillement pendant une demi-heure ou une heure, selon la grandeur de la pipe et avec les deux mains libres, ce qui offre le plus grand avantage.

La pipe Stuhl[1]).

La pipe pour apiculteurs, inventée et fabriquée par M. G. Stuhl, de Strasbourg, est une pipe à réservoir (v. fig.).

Cette pipe se distingue, *de toutes les autres, pour apiculteurs, connues jusqu'à ce jour,* par sa *simplicité* de construction ainsi que par la *facilité* de son nettoyage.

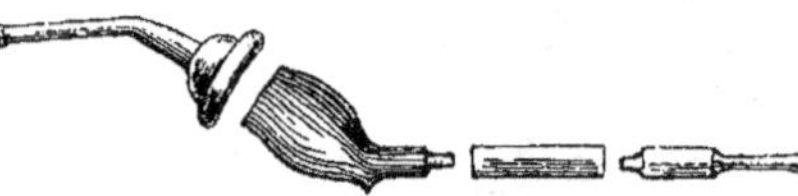

Elle se compose d'une tête en racine de bruyère, d'un couvercle mobile qui se fixe bien *sans vis,* ce qui l'empêche de tomber ; le couvercle est muni d'une embouchure en corne. La tige de cette tête de pipe s'emboîte dans une virole en *métal blanc* ; à l'autre bout de cette virole s'emboîte une embouchure en corne.

[1]) La Maison Stuhl (articles de pipes) fondée en 1796 à Strasbourg, rue du Vieux-Marché-aux-Grains 25 et 29, a eu un 1er prix à l'exposition de 1890 à Strasbourg pour cette pipe, qu'elle vend à 3 fr. 75 le grand et 3 fr. 50 le petit module. Les pipes Stuhl portent la marque *Stuhl, Strasbourg.*

Une fois la pipe assemblée, et par une disposition spéciale, adaptée à la tige de la tête ainsi qu'à l'embouchure, cette virole en métal blanc forme un *très grand réservoir* pour le jus de tabac ; cette disposition spéciale empêche également le jus de tabac de pénétrer, soit dans l'embouchure, soit dans la tête, de sorte que le tabac, même en soufflant la fumée sur les abeilles, ne peut pas être humecté par le jus du réservoir.

L'Enfumoir breveté de M. Dietrich d'Esslingen a. N.

Cet appareil se compose : 1° d'un cylindre en fer battu, servant de foyer ; 2° d'un manteau en fer-blanc devant empêcher l'apiculteur de se brûler les doigts ; 3° d'un tuyau en fer-blanc, avec embouchure en bois, servant à souffler la fumée sur les abeilles.

La portière du cylindre est percée de petits trous, pour conduire l'air sur le combustible ; le couvercle sert de ventilateur qu'on ouvre quand l'enfumoir est en repos, pour empêcher le feu de s'éteindre. Comme combustible on se sert de tabac,

de champignon de hêtre, ou de bois pourri bien sec, imprégné d'eau nitrée, qu'on allume avec un morceau d'amadou ou un charbon brûlant. Voici les avantages de cet appareil : 1° L'apiculteur n'a pas besoin de d'abord fumer pour produire des jets de fumée ; il peut souffler de suite, et en moins de quelques secondes il peut disposer de jets forts ou faibles, selon le besoin ; 2° l'enfumoir, *en repos*, ne s'éteint pas, quand on ouvre le couvercle ; 3° le prix de revient, de 2 Mark pièce, est abordable à toutes les bourses.

En dépôt chez M. Parrang à Wittring (Lorraine), et chez Mme Ve Eberhardt à Strasbourg (Alsace).

SEPTIÈME PARTIE

NOUVELLE MÉTHODE D'ANALYSE DES MIELS

PAR LE

Dʳ OSCAR HAENLE

Directeur du laboratoire de chimie de la Société d'apiculture d'Alsace-Lorraine.

Depuis cinq ans, d'épais nuages planaient sur la chimie du miel. On avait établi dans les livres d'enseignement et on affirmait, en chimie légale, que tout miel naturel dévie à *gauche* le plan de polarisation de la lumière, et que tout miel, déviant à *droite*, est falsifié et doit être l'objet d'une condamnation.

Mais, dans mes excursions scientifiques pour découvrir la nature des miels qui déviaient à droite le plan de polarisation et à la suite d'observations heureuses et imprévues, j'ai fini par aboutir. Beaucoup d'expériences et de contre-expériences ont été faites, et tous les chimistes qui se sont occupés de la question, ont acquis avec moi la conviction qu'un miel ne pouvait plus être condamné pour l'unique cause d'une déviation à droite. Mais, la découverte de cette déviation à droite, selon la provenance du miel, était accueillie froidement: il en résulte que les chimistes ayant à reconnaître des miels naturels, ne peuvent plus se prononcer immédiatement sur la nature du miel qui leur est soumis, parce que la *glucose*, point de départ du procédé habituel de falsification, polarise *toujours* à droite.

Comme vous le savez, j'ai divisé les miels en deux classes: *miel de fleurs*, qui tous dévient la polarisation à gauche, et *miel de conifères*, qui tous dévient à droite. Autrefois, il paraissait facile de distinguer un miel naturel d'un miel artificiel ou falsifié, aujourd'hui la distinction est devenue difficile depuis la découverte de cette déviation dextrogyre. Je me suis donné la peine, après une longue série d'environ 150 expériences, d'établir les chiffres de ces déviations à droite. J'ai même publié un formulaire pour la détermination approximative de la quantité de *glucose* employée à la falsification. Mais les opérations qui y sont exposées ont surtout un caractère théorique et toute la théorie doit s'effacer, si elle ne peut avoir une valeur pratique, sûre et décisive.

D'après ces principes, j'ai cherché d'autres méthodes, basées sur de nouvelles théories, et c'est alors que je parvins à des résultats certains par le procédé de la *dialyse* faite avant la polarisation.

La dialyse, c'est la séparation, la désunion de différentes matières par l'*osmose*, c'est-à-dire les échanges réciproques de deux liquides susceptibles de mélange, mais séparés l'un de l'autre par l'interposition d'une membrane en parchemin. On appelle *dialyseur* l'appareil qui contient cette membrane et dans lequel s'opère d'elle-même la diffusion des liquides.

Le miel se compose de *sucre de raisin* (dextrose) et de *sucre de fruit* (lévulose). Le sucre de raisin est la partie cristallisable du miel; le sucre de fruit est la partie incristallisable, fluide par conséquent.

A cause de son fréquent emploi dans l'industrie, le sucre de raisin, celui des fabriques, est tiré de la *fécule* que l'on fait cuire longtemps avec de l'*acide sulfurique* étendu d'eau; l'*acide sulfurique* est séparé au moyen de la *craie*; on filtre sur du noir animal et on concentre jusqu'à consistance d'un sirop épais; c'est ce produit qui, sous le nom de glucose, est employé par l'industrie pour donner au *miel suisse* falsifié sa couleur remarquable et son bel aspect.

Ce sucre de raisin (dextrose) fabriqué n'est pas cependant tout à fait identique au sucre de raisin *naturel*; il n'est pas complètement pur, comme on peut le constater; le produit artificiel contient notamment des matières qui n'existent pas dans le sucre de raisin naturel; elles se trouvent dans le sirop par suite de la transformation incomplète de la fécule en sucre; le chimiste doit par conséquent porter son examen de ce côté. Polarisation, fermentation, réaction de la dextrine, l'emploi de tous ces moyens n'a pas donné de résultats absolument certains.

Actuellement, après cinq années de longues recherches, j'ai réussi et je suis arrivé à un résultat qui m'autorise à vous dire, avec conviction et certitude, qu'il est possible de distinguer, en toute garantie, les miels naturels des produits falsifiés avec de la glucose, par la dialyse avant la polarisation.

Je vais citer ces expériences: elles m'autorisent à faire cette déclaration si importante pour l'apiculture, et importante précisément à cause d'elle, parce que les plus grands succès apicoles pratiques ne peuvent, à eux seuls, chasser le miel artificiel qui inonde, comme si c'était du miel naturel, tous les pays.

Expériences de dialyse avec le miel de fleurs.

1° Du miel alsacien pur est dissous dans la proportion d'une partie de miel et de deux parties d'eau; la polarisation de cette solution est de 28° à gauche ou de — 28°; après 16 heures de dialyse, la polarisation de l'extrait, pris sur le dialyseur, et redissous, est de 0°.

2° 30 grammes de miel alsacien pur sont dissous dans 150 grammes d'eau, décolorés et dialysés; 16 heures après, on ne constate plus aucune déviation; la polarisation est 0°. Le liquide pris sur le dialyseur est évaporé jusqu'à 30 grammes; cette fois encore, aucune déviation. Évaporé à sec et placé pendant deux heures sous un dessicateur à l'acide sulfurique, il reste un extrait faiblement coloré en jaune, lequel redissous dans l'eau, est sans action au point de vue optique.

3° 50 grammes d'un miel alsacien pur sont dissous dans 150 grammes d'eau et décolorés. La polarisation est de —11°; après 16 heures de dialyse, la solution ne dévie plus. Après dialyse, l'extrait resté sur le dialyseur est évaporé; il est sans effet sur la lumière polarisée.

4° 50 grammes d'un miel alsacien dont la polarisation (solution de 1 de miel et 2 d'eau) est de —26°, sont dissous dans 250 grammes d'eau, décolorés et dialysés. Après 5 ½ heures seulement de dialyse, on ne trouve plus aucune déviation. Une heure après, le miel est soustrait à l'action de la dialyse, puis évaporé. La polarisation est encore de 0°.

5° 30 grammes d'un miel naturel sont dissous dans 150 grammes d'eau, décolorés et polarisés. La polarisation est de —10°; il est alors dialysé:

2 heures après, la polarisation est de —5°,
3   »   »   »   » de —4°,
4   »   »   »   » de —2°,
5   »   »   »   » de 0°.

Pour plus de sûreté, on dialyse encore pendant 3 heures; l'extrait est évaporé jusqu'à 20 centimètres cubes, la polarisation est de nouveau 0°.

6° 50 grammes de miel d'Alsace de forêts et de prairies sont dissous dans 250 grammes d'eau, décolorés avec du noir animal et polarisés. La polarisation est de —5°. Après 16 heures de dialyse, la déviation est de 0°. Évaporée jusqu'à 20 centimètres cubes, la solution reste sans pouvoir rotatoire. Après fermentation avec de la levure, la polarisation est de nouveau 0°.

Expériences de dialyse avec du miel de sapin.

7° Du miel pur de sapin, de M. Kuntz du Hohwald, déviait (une partie de miel et deux parties d'eau) de 33° à droite ou de + 33°.

Une solution de ce miel à 10 pour cent déviait de + 9°.

La solution, décolorée avec du noir animal, a été exposée pendant 16 heures à la dialyse et polarisé : la polarisation est de 0°.

8° Un autre miel de sapin déviait de + 4° avec une solution à 10 pour cent. Après 16 heures de dialyse, on n'observe plus aucune déviation de la lumière.

9° 50 grammes d'un miel de sapin, de la récolte de 1884, dissous dans 250 centimètres cubes d'eau et décolorés, déviaient 18° à droite. Après 16 heures de dia·lyse, on n'observe plus de déviation de la lumière.

Expériences de dialyse avec de la glucose[1]).

10° Une solution de glucose à 10 pour cent qui dévie de 100° à droite, décolorée et soumise à la dialyse pendant 16 heures, dévie encore de + 5°. L'*extrait sec* de 10 grammes de sirop pèse encore 1 gramme 682 milligrammes.

Expériences de dialyse avec des miels falsifiés avec intention.

11° 40 grammes d'un miel pur (solution de 1 de miel, 2 d'eau ; déviation à gauche de 35°) sont mélangés avec 10 grammes de glucose. Une solution de cette préparation à 10 pour cent présente, après la dialyse, une déviation à droite de 4°.

12° 30 grammes de miel pur sont intimement mélangés avec 20 grammes de glucose, dissous dans 250 grammes d'eau et décoloré avec du noir animal. La polarisation se monte à + 65°. Après 14 heures de dialyse, *la déviation s'établit en permanence à + 14°*. Après évaporation jusqu'à 50 grammes de l'extrait pris sur le dialyseur, la polarisation se monte à + 60°. Évaporé à sec et desséché sous un dessiccateur à l'acide sulfurique, il reste un extrait fortement coloré en jaune qui, dissous dans l'eau et traité avec un *ferment dévie encore de + 48°*.

13° 50 grammes d'un miel falsifié sont dissous dans 250 grammes d'eau. La polarisation est de + 95°. Afin d'observer la décroissance de la déviation, le liquide, trouvé sur le dialyseur, est d'abord examiné toutes les deux heures, puis chaque heure.

2 heures après, la polarisation est de					+ 45°
4	»	»	»	»	+ 33°
6	»	»	»	»	+ 18°
8	»	»	»	»	+ 15°
9	»	»	»	»	+ 12°
10	»	»	»	»	+ 11°
11	»	»	»	»	+ 10°
12	»	»	»	»	+ 10°

Au bout de 11 heures, la déviation reste constante.

14° 50 grammes d'un miel falsifié à 10 pour cent sont dissous dans 250 centimètres cubes d'eau, décolorés et polarisés. La polarisation est de + 12° ; *12 heures après, la déviation reste constante sur + 6°*.

15° 50 grammes d'un miel falsifié sont traités comme ci-dessus. La polarisation se monte à + 75°. Après 13 heures de dialyse, la déviation se fixe à + 8°.

16° Un miel falsifié fut traité dans les mêmes proportions que ci-dessus et donna *une déviation fixe de + 9°, après 12 heures de dialyse.*

[1]) Sous forme de sirop de glucose.

Expériences de dialyse avec du miel suisse falsifié.

17° La polarisation d'un miel suisse (provenance de Bâle) se monte à + 240°. 50 grammes de ce miel, dit miel de table, dissous dans 250 centimètres cubes d'eau, indique, après 24 heures de dialyse, une déviation permanente de + 20°.

Expériences de dialyse avec un miel hongrois.

18° Dialyse d'un miel hongrois, récompensé par des prix à différentes expositions en dernier lieu d'une médaille d'argent à Trieste, et reconnu comme produit falsifié.

Ce miel a une couleur blanche et polarise 75° à droite. D'après sa couleur, il doit être du miel de fleurs ; la forte déviation à droite annonce déjà une falsification de 30 pour cent. Après 16 heures de dialyse, la déviation s'établit à droite à 4°. Après concentration, elle se relève à + 20°.

Il est indubitablement établi par ce travail :

1° Qu'un miel qui, après dialyse, dévie le plan de polarisation à droite, est falsifié avec du glucose.

2° Qu'un miel qui, après dialyse, ne dévie pas le plan de polarisation à droite, n'est pas mélangé de glucose.

D'après ces résultats, autorisez-moi d'exprimer un vœu :

Depuis longtemps déjà, notre Société a le dessein d'exposer au gouvernement qu'il veuille bien placer, sous sa haute et puissante protection, l'apiculture d'Alsace-Lorraine et qu'il exerce le pouvoir qui lui est conféré par la loi de prohiber l'importation et la vente des miels artificiels ou falsifiés sous le nom de *miel*, ce mot ne s'appliquant qu'à la seule idée d'un produit naturel.

De même qu'une loi distingue le beurre du beurre artificiel ou margarine, le vin du vin artificiel, qu'une loi analogue distingue également le miel naturel du miel artificiel, les dénominations de *miel de table*, de *miel de plantes des Alpes*, ne marquant pas assez la distinction.

Eût-il été possible autrefois d'exprimer ce vœu au gouvernement, à une époque où nous ne possédions pas, comme à présent, les ressources scientifiques qui permettent de distinguer en toute assurance le miel naturel du miel artificiel glucosé ?

Actuellement, nous pouvons garantir au gouvernement la solution exacte du problème ; qu'il veuille bien donner son haut appui aux Sociétés d'apiculture.

HUITIÈME PARTIE

USAGE DU MIEL

Le miel comme nourriture.

Le miel est une nourriture souverainement hygiénique ; il *aide à la digestion*. La digestion, qui agit autant sur l'esprit que sur le corps, dépend principalement des aliments. Toute nourriture, qui n'est pas préalablement dissoute dans l'eau, doit passer par un travail spécial d'insalivation et de digestion stomacale, pour être en état de faire partie du sang et de nous donner force et santé. Le miel, au contraire, se trouve dans les conditions voulues pour l'absorption et l'assimilation ; il est par conséquent éminemment digestif.

Le miel comme remède.

L'usage du miel, selon M. J. B. Voirnot, exerce une influence bienfaisante sur tous les organes intérieurs, la bouche, la gorge, les organes respiratoires, les organes digestifs. Il n'a pas l'effet rapide d'une potion, mais son action est douce, et surtout préventive, ce qui ne veut pas dire qu'il dispense du médecin.

La *bouche*. — Les aphtes de la bouche des enfants, ou muguet, cèdent à l'emploi du miel additionné d'alun ou de borax. Dans la dentition des enfants, on frictionne les gencives avec une décoction de guimauve ou de graine de lin, ou avec de la teinture de safran, mélangée de miel.

La *gorge*. — On fait d'excellents gargarismes avec de l'eau de sauge bouillie et une cuillerée de miel, plus une cuillerée de vinaigre, par tasse.

Les *organes respiratoires*. — Les professeurs, les musiciens, tous ceux ou celles qui usent ou abusent de la voix et de la parole, devraient faire un fréquent usage du miel. Par l'acide formique qu'il contient, le miel est efficace contre l'enrouement, la toux, le rhume, la bronchite, et, comme dérivatif, contre l'angine, le catarrhe pulmonaire, l'asthme. Le miel recueilli sur le sapin est le meilleur pour les affections de ce genre. Un peu de graisse d'oie, mélangée au miel, ajoute à ses propriétés curatives pour le même objet. Beaucoup préféreront à ce mélange un bol de vin chaud, de cidre ou de lait, édulcoré au miel, avec un petit verre de kirsch, dont l'acide prussique est salutaire. Plus d'un même prendrait le remède, sans être malade.

Les *organes digestifs*. — Le miel possède des propriétés légèrement laxatives et purgatives, du moins pour ceux qui n'en usent pas habituellement ; mais cet effet est toujours sans danger, même en temps d'épidémie cholérique. Le miel prévient la constipation. Tandis que le sucre est échauffant, le miel est au contraire rafraîchissant, et il est très bon contre les inflammations de l'estomac, même de la vessie. Il n'y a pas, dit le docteur Guérin, de médication plus propice contre les fièvres viscérales, et il ajoute qu'il devrait être l'aliment privilégié des tempéraments fiévreux. Mélangé avec de l'ail, il fait périr les vers intestinaux.

Pour l'*usage* externe, le miel avec de la farine forme un excellent onguent sur les ulcères, les abcès. En ajoutant à cet onguent un jaune d'œuf et du beurre, on prétend qu'il agit, à la manière d'un vésicatoire adouci, dans les maux de gorge et les maux de reins.

La pâte de guimauve au miel.

La pâte de Guimauve au miel provoque l'expectoration ; elle peut se donner aux enfants sujet à la coqueluche, aux vieillards asthmatiques et aux personnes enrhumées. Voici la recette : « Dans une livre de miel légèrement clarifié, jeter trois poignées de fleurs de guimauve qu'on a eu soin de cueillir par un temps sec afin que l'humidité n'ait point absorbé l'odeur de la fleur, et les laisser bouillir jusqu'à ce qu'elles soient bien amorties.

Ensuite, passer le tout dans un linge propre ; remettre le sirop sur le feu, jusqu'à ce qu'il ait acquis un degré de consistance propre à être mis sur du papier couvert de cassonade ; mettre cette pâte deux fois de suite au four et toujours la tenir dans un endroit sec. »

Le miel contre les engelures.

Pour faire disparaître les engelures voici un remède à employer le soir avant de se coucher.

Faire bouillir du céleri dans l'eau et plonger les mains dans cette eau à la plus forte température que l'on puisse supporter. Au bout d'un quart d'heure, les retirer et les bien essuyer ; ensuite enduire du miel les parties malades et les envelopper avec un mouchoir. Renouveler cette expérience pendant deux ou trois jours et les engelures disparaîtront.

Tartines de miel.

Les tartines de miel sont très agréables aux enfants, très utiles à leur santé. En Suisse, on sert aux repas des tartines de beurre frais, complétées par une couche de miel ; cette friandise est délicieuse.

On fait au miel des pains d'épice, des gâteaux, des conserves, des sirops, des confitures, des liqueurs, de la limonade, de la bière, des grogs, du vinaigre.

Pain d'épices hollandais.

Prenez 250 gr. de cassonade, 375 gr. de farine, 60 gr. d'amandes pilées, 60 gr. de beurre, 1 œuf, 5 gr. de cannelle. 5 gr. de noix de muscade et 5 gr. de soude. Mélangez le tout, à sec, avec les mains, en pâte ferme. Si celle-ci devenait trop sèche, de manière à ne plus pouvoir la manier, ajoutez-y une goutte d'eau, tout en ayant soin de ne pas en mettre trop, Façonnez alors la pâte dans la forme voulue et faites cuire au four. *(Le miel et son usage par Dennler.)*

Pains d'épices alsaciens.

Recette : miel jaune $^1\!/_2$ kilogr.

farine de blé $^1\!/_2$ kilogr.

potasse 10 grammes.

Après avoir chauffé le miel, on le mélange peu à peu à la farine ; on y ajoute la potasse, que l'on a fait d'abord dissoudre dans une cuillerée de bonne eau-de-vie. On pétrit ensuite le tout, on coupe selon les dimensions voulues et on fait cuire. On glace avec le sucre et le blanc d'œuf ; 125 gr. de sucre et un œuf peuvent suffire pour la proportion ci-dessus.

La pâte préparée dans ces conditions se conserve pendant des années dans la cave et peut servir à faire les

Leckerli.

On n'a qu'à y ajouter 150 grammes d'amandes hachées,

5 » d'orangeat,

3 » de citronnat,

2 » de cannelle

et 1 » de clous de girofle broyés.

Le tout est bien pétri, passé par un tamis, découpé ensuite et cuit.

Leckerli de Bâle superfins.

Prenez 2 kil. de miel (vieux), 1 kil. d'amandes coupées, 3/4 kil. d'orangeat ou de citronnat, 2 citrons, 15 gr. de clous de girofle, 60 gr. de cannelle, 1 kil. de sucre, 2 kil. de farine, 1/4 de litre (un verre à boire) de Kirsch. Faites cuire le miel, ajoutez-y ensuite les autres substances et en dernier lieu la farine, remuez bien le tout, étendez la pâte sur la planche en une couche (pas trop mince), façonnez-la de la grandeur des Leckerli et mettez ceux-ci au four en rangs serrés sur une tôle enduite de cire. Glacez après la cuisson.

Pour le glaçage faites cuire 1/2 kil. de sucre avec 3 décilitres d'eau en fils très forts, enlevez-le du feu et employez-le immédiatement en y trempant une brosse ou un pinceau et en l'étendant sur la pâte cuite. Si la glace ne blanchit pas au bout de 3 minutes, faites cuire le sucre plus fort et renouvelez l'essai.　　　(*Apiculteur suisse.*)

Gateaux de Milan.

Prenez 250 gr. de sucre, 3 à 4 œufs, 1/2 kil. de farine, 1 zeste de citron. Battez le beurre jusqu'à écumer, ajoutez-y le sucre et successivement les œufs jusqu'à ce que la pâte soit bien légère, versez-y la farine en remuant, travaillez la pâte sur la planche, étendez-la en couches pas trop minces, façonnez-la au moyen de l'emporte-pièce en figures à votre gré (étoiles, cœurs, couronnes, croissants, etc.) posez-les pas trop près les uns des autres sur une tôle enduite de beurre, dorez-les avec du jaune d'œuf mêlé à du miel et faites cuire au four à une chaleur modérée.

(Apiculteur suisse.)

Gâteaux au miel à l'américaine.

Miel foncé, 7 kg. 500 gr.; œufs, 15; poudre à levain, 8 gr.; ammoniaque liquide, 10 gr.; amandes finement découpées, 1 kgr.; citron, 1 kgr.; cannelle, 20 gr.; clous de girofle, 10 gr. ; muscade, 10 gr. ; farine de blé; 9 kgr. Faites chauffer le miel, à peu près jusqu'à ébullition, laissez refroidir et ajoutez-y le reste. Coupez et faites cuire. On glace avec le sucre et le blanc d'œuf.

Gâteau français au miel.

On fait chauffer dans une casserole 150 grammes de sucre blanc et un 1/2 litre de lait. Lorsque le sucre est fondu, on y ajoute 350 grammes de miel, on fait bouillir le tout, on y mélange un 1/2 kilogramme de belle farine et 2 grammes de potasse, on pétrit convenablement la pâte, on la met dans une tourtière saupoudrée de farine et on en fait un gros gâteau que l'on fait cuire pendant une heure.　　　(*Lahn.*)

Pets de nonnes.

On mélange 70 grammes de graisse de bœuf fondue avec 2 jaunes et un blanc d'œuf, on y ajoute ensuite 2 décilitres de vin fort sucré et la quantité de farine nécessaire pour que la pâte ressemble à la pâte de macaronis ; on travaille ensuite cette pâte sur un tailloir pendant une heure entière. Après quoi on roule dans la farine un agaric esculent (Champignon comestible) et on l'introduit dans la pâte ; après avoir enduit la surface de celle-ci avec de la graisse de bœuf, on la recouvre d'un linge et on la laisse reposer; on fait également bouillir 350 grammes de miel, on l'écume soigneusement, on le laisse refroidir et on y ajoute de la cannelle, du piment, des clous de girofle, du gingembre, de l'anis, de l'écorce de citron et d'orange et autant de pain de ménage râpé (pain bis) que le miel peut en recevoir ; puis on laisse reposer cette farce pendant une nuit. Le lendemain on étend la pâte, on y découpe des morceaux carrés, sur lesquels on répand de petites boulettes de farce, on replie la pâte sur elle-même, la farce à l'intérieur, de façon à former des morceaux triangulaires, on fait cuire les beignets sur une tourtière assez chaude et on les asperge en les retirant du four, avec de l'eau chaude.　　　(*B-V. 1885.*)

Croquets au miel.

On fait cuire dans un grand pot 4 décilitres de miel auquel on a préalablement ajouté 12 clous de girofle concassés et un peu de cannelle ; on ajoute ensuite une tasse à café de Slibowitz (Eau-de-vie de noyaux de prunes) en ayant soin de mêler constamment pendant l'opération, afin que cette eau-de-vie ne s'échappe pas. Pendant que le tout est encore chaud, on y ajoute, avec un couteau, 8 décilitres de fleur de farine, pour rendre la pâte plus épaisse, on l'étend pendant qu'elle est encore chaude et on la coupe en rectangles ou en losanges que l'on fait cuire sur une tourtière et que l'on enlève avec un couteau avant qu'ils soient refroidis. (*B-V. 1885.*)

Biscuits au miel.

Recette : 1 tasse de miel d'extracteur, $\frac{1}{2}$ tasse de crème chaude, 2 œufs, $\frac{1}{2}$ tasse de beurre, 2 tasses de farine de blé, $\frac{1}{2}$ cuillerée (à café) de soude et 1 cuillerée de crème de tartre. Le tout est bien pétri, découpé et cuit à petit feu.

BOISSONS.

Madère au miel.

Depuis un certain nombre d'années je me fabrique un tonnelet de vin au miel, d'après les recettes les plus variées. D'ordinaire j'obtiens un excellent vin, quand il a reposé pendant six mois. Toutefois pour lui enlever le goût du miel, qui n'est pas aimé de tout le monde, j'ai dû, en le cuisant, y mettre des charbons de bois, de la farine de craie, de plus j'ai dû ajouter au moût, pendant qu'il était en fermentation, toutes sortes de drogues, sans que j'aie réussi à lui enlever complètement le goût du miel. L'année dernière j'eus l'idée de fabriquer mon vin au miel à l'époque des vendanges. J'y ajoutai un cinquième de moût. A l'heure qu'il est, j'ai le plaisir de constater que cet essai a complètement réussi, sans avoir ajouté des charbons de bois ou une autre drogue. Il n'a pas le moindre goût de miel, et on peut le faire passer pour du madère fin.

Voici la recette : Sur 40 litres d'eau bien claire (l'eau des ruisseaux s'y prête le mieux) on prend 20 livres de bon miel, on fait cuire pendant 3 à 4 heures sur un feu bien modéré, puis on écume. Ensuite on met le liquide dans un tonnelet bien propre, on y ajoute encore 10 litres de bon moût de raisins non fermenté. On couvre l'ouverture du haut avec un linge, et après 8 à 10 mois on peut déjà soutirer le vin dans des bouteilles. Il y gagne toujours encore en force, de sorte qu'il peut être servi comme vin de dessert. Voici certes, une fabrication fort simple.

Vin au miel.

Dans son petit traité d'apiculture, M. le curé Kneipp donne pour cette fabrication la recette suivante fort simple et d'un succès éprouvé:

Dans une chaudière en cuivre, faites bouillir très lentement, pendant 1 heure 1/2, 60 à 65 litres d'eau pas trop dure avec environ 6 litres de miel, en ayant soin d'enlever de temps en temps l'écume qui se forme à la surface. La cuisson terminée, la décoction est versée dans un vase quelconque, mais propre, où on la laisse refroidir, puis transvasée dans un tonneau bien nettoyé, dont la bonde doit rester ouverte. Dans une cave d'une chaleur tempérée, la fermentation se fait au bout de 5 à 10 jours, comme pour le vin doux, sans addition d'aucune autre substance. Après environ 15 jours de fermentation, le jeune vin de miel fermenté est décanté dans un autre tonneau (mais sans la levure qui s'est produite). Au bout de nouveaux 10 à 15 jours, la fermentation dite silencieuse est accomplie dans le deuxième tonneau, et lorsque le vin de miel est tout à fait tranquille et que l'on n'entend plus aucun bruit dans le tonneau, l'on ferme la bonde. Trois ou quatre semaines plus tard, le vin de miel est clarifié et potable. Mis alors en bouteilles et couché dans du sable frais, il mousse au bout de peu de jours et constitue une boisson agréable et très rafraîchissante.

Grog.

C'est une boisson composée de cognac ou de rhum étendu d'eau froide ou d'eau chaude et sucrée au miel à volonté.

Limonade gazeuse au miel.

Dans un récipient ouvert, on verse un kilo de miel et 10 litres d'eau bouillante avec un peu de levûre de bière fraîche. On met cette limonade en bouteilles fortes, le second jour après que la fermentation a commencé. L'acide carbonique, qui se dégage par suite de la fermentation, la fait mousser comme du champagne. On peut l'aromatiser à volonté au moyen de quelques gouttes d'essence de citron, etc. Inutile de dire que les bouteilles doivent être bien bouchées et même ficelées.

Vinaigre au miel.

Faites cuire 10 litres d'eau de pluie avec 1 litre de miel (en prenant un peu plus de miel, le vinaigre sera d'autant meilleur) pendant environ une heure, écumez pendant tout ce temps, versez ensuite le liquide dans un vase, ajoutez-y 2 litres de bon vinaigre, ou à défaut, une croûte de pain ; placez le vase près du fourneau chauffé, ou sur l'âtre chauffé ; quelques jours après la fermentation commence, pour durer pendant 9 à 10 semaines. En fermant ensuite le vase avec la bonde, le vinaigre se clarifie bientôt. On soutire ensuite la moitié du vinaigre, pour le mettre dans des bouteilles, on remplit de nouveau le vase avec de l'eau miellée, et bientôt la fermentation recommence ; pendant ce temps on ne bouche pas le vase. Quand plus tard cette seconde édition s'est clarifiée, on soutire le tout ; on lave le vase et le marc, puis on y remet le vinaigre et le marc. A partir de ce moment on n'a plus qu'à ajouter de l'eau miellée, comme il a été dit plus haut, dès qu'il y a du vide dans le vase.

Autre recette.

Faites cuire 25 litres d'eau de pluie, à peu près pendant une heure, avec environ 2 litres de miel (plus il y aura de miel, d'autant meilleur sera le vinaigre), en ayant soin d'écumer continuellement. Après avoir été refroidie dans un vase quelconque, cette eau de miel est versée dans un tonneau de la contenance d'environ 30 litres que l'on continue de remplir avec 4 à 6 litres de vinaigre fort. Puis le tonneau, avec la bonde ouverte, est placé dans un endroit chaud, près du foyer ou du poêle ou bien dans une chambre chaude, où au bout de quelques jours commence la fermentation qui dure de 9 à 10 semaines. Lorsqu'alors le vinaigre est trop faible, l'on y ajoute du vinaigre fort. La fermentation terminée, la bonde est fermée et le vinaigre ne tarde pas à se clarifier complètement. Puis, la moitié mise en bouteilles, l'autre moitié du tonneau est de nouveau remplie d'eau de miel, après quoi la fermentation recommence ; pour cette raison il faut encore laisser la bonde ouverte. Lorsque le nouveau remplissage s'est à son tour clarifié, tout le contenu du tonneau est décanté. La substance-mère qui s'est formée est proprement lavée, le tonneau débarrassé de la levure et le vinaigre avec la substance-mère remis dans le tonneau. En cas de nouveaux besoins, il suffit d'y ajouter de l'eau de miel ainsi qu'il est dit ci-dessus.

Fabrication de l'Hydromel.

Recette polonaise.

Sur 20 kilogrammes de miel, prenez 45 à 55 litres d'eau tiède (l'eau de pluie ou l'eau de rivière, ne contenant ni sels, ni chaux, vaut le mieux); versez le tout dans une cuve et mélangez jusqu'à dissolution complète du miel. Mettez le liquide dans un chaudron ou dans une chaudière en cuivre que vous placerez sur un feu modéré, pour faire subir une cuisson de 3 à 4 heures, c'est-à-dire jusqu'à ce qu'il y ait diminution d'un quart environ. On a soin d'écumer pendant l'ébullition.

Après la cuisson de la liqueur, on la laisse refroidir, puis on l'entonne dans un baril, en ayant soin de passer le liquide à travers un linge serré. Le baril est placé dans un lieu dont la température est convenable pour la fermentation, de 15 à 20 degrés. Il reste ouvert. La fermentation commence deux ou trois jours après et continue pendant huit ou dix semaines, c'est-à-dire jusqu'à ce que le liquide fasse sentir un fort arome de vin. La fermentation achevée, on bouche le baril, et on le laisse fermé pendant une quinzaine de jours au moins. Après ce temps on soutire la liqueur qu'on met dans un autre baril, lavé au vin blanc. Ce baril est placé dans un lieu sec (un cellier) à température uniforme. Un an après, lorsque l'hydromel est bien clarifié, il est mis en bouteilles. En vieillissant, il se bonifie de plus en plus.

Recette Kneipp.

(Boisson très recommandable aux personnes bien portantes ainsi qu'aux malades.)

Les anciens Germains ne possédaient que peu ou point de vin; la bière leur était inconnue, par la seule raison qu'elle n'existait pas encore; leur nourriture était des plus simples, et pourtant ils formaient une nation puissante, atteignaient un âge fort avancé et jouissaient d'une santé admirable. Cette longévité et cette santé extraordinaire étaient attribuées par eux à l'usage de l'hydromel.

Il est fort regrettable que ce précieux liquide soit si peu connu et qu'il ait été remplacé par la bière si généralement répandue, qui, grâce aux procédés artificiels dont sa fabrication est aujourd'hui l'objet, ne peut plus, dans bien des cas, être considérée comme une boisson salutaire.

Presque tous les ouvrages importants traitant de l'apiculture contiennent des recettes pour la fabrication de l'hydromel, mais bien souvent aussi l'on entend des plaintes se rapportant à des essais faits dans ce sens, et qui jamais n'ont été suivis d'un résultat favorable.

D'ordinaire je le prépare de la manière suivante: Dans une chaudière en cuivre bien propre je verse 60 à 65 litres d'eau pas trop dure. Lorsqu'elle est assez réchauffée, j'y fais dissoudre, en le remuant, environ 6 litres de miel. Je laisse alors l'eau et le miel cuire doucement pendant 1 $\frac{1}{2}$ heure, en enlevant de temps en temps les mucosités malpropres qui se montrent à la surface. La cuisson terminée, l'eau miellée est retirée du feu et mise dans des vases de fer-blanc ou de terre. Après qu'elle s'est refroidie au point de posséder encore plus de chaleur que l'eau exposée au soleil, elle est transvasée dans un tonneau soigneusement nettoyé, sur lequel on pose la bonde, sans pourtant l'enfoncer. Lorsque la cave est suffisamment chaude, la fermentation commence au bout de 5 à dix jours. Après environ 15 jours de fermentation, le jeune hydromel fermenté est soutiré dans un autre tonneau; la levure reste naturellement au fond du premier. Dans ce deuxième tonneau la fermentation dure de 10 à 15 jours, et lorsque l'hydromel est tout à fait reposé, de manière à ce que l'on n'entende plus aucun bruit dans le tonneau, l'on ferme la bonde. Au bout de 3 à 4 semaines l'hydromel est devenu clair et potable. Mis alors en bouteilles et posé dans du sable frais, il mousse assez fort après quelques jours. Cette boisson est fort rafraîchissante, raison pour laquelle elle est très aimée des personnes souffrant de la fièvre. Lorsque les malades ne peuvent boire ni vin ni bière, l'hydromel constitue pour eux un véritable soulagement. Mais pour les personnes bien portantes il forme également une boisson fort agréable, à condition cependant de n'être pris qu'en petites quantités, puisqu'autrement il répugne au goût.

Recettes françaises de G. de Layens.

Faites fondre le miel dans l'eau tiède (250 à 300 grammes par litre d'eau), puis versez à mesure dans un tonneau n'ayant aucun mauvais goût. Ayez soin de ne pas remplir entièrement le tonneau, car la fermentation, qui commencera peu de jours après, ferait déborder le liquide; sur la bonde on place simplement une tuile. On aura soin de conserver dans quelques bouteilles de l'eau miellée, que l'on ajoutera au fur et à mesure que le liquide baissera dans le tonneau.

Plus la quantité de liquide sera considérable, plus la fermentation sera régulière et rapide, parce qu'une grande masse de liquide n'a pas le temps de se refroidir pendant la nuit pour affaiblir sensiblement la fermentation. Celle-ci se fait très bien entre 16° et 23° C.

Nous ajoutons pendant la fermentation environ 50 grammes d'acide tartrique pour cent litres de liquide, afin de favoriser d'abord la fermentation et ensuite de donner au vin une très légère acidité comme celle du raisin. On sait que le raisin contient de l'acide tartrique.

Pendant la fermentation, nous suspendons dans un sac au milieu du liquide une poignée de graines sèches de genièvre. On retire le sac, lorsque le vin possède un très léger arome de genièvre. Par la suite, cet arome se confondra avec celui du miel et le masquera plus ou moins sans cependant dominer lui-même.

Après la fermentation, on met le tonneau à la cave ou dans un cellier. Sur la bonde on met un morceau de forte toile mouillée et par-dessus, gros comme le poing, du sable fin mouillé, que l'on tasse bien sur la toile en forme de cône. Cette fermeture est excellente, car elle forme au besoin soupape, si pendant la fermentation insensible, il se dégage encore un peu de gaz.

On pourra laisser ainsi le vin jusqu'au printemps suivant, en ayant grand soin de temps en temps de remplir le tonneau complètement.

Vers le mois de mars on pourra le mettre en bouteilles ou mieux le soutirer, afin de le changer de tonneau. On aura soin de prendre un tonneau plus petit, et après l'avoir complètement rempli, on placera la bonde, qui doit fermer exactement.

On laissera vieillir, en n'oubliant pas de le remplir de temps en temps.

Hydromel avec addition de fruits.

On emploie pour ce mode de fabrication, soit des pommes, des poires, des pêches, des prunes, du marc de raisin pressé ou non pressé, des groseilles. On emplit un fût à moitié environ de ces fruits, puis on finit le remplissage avec de l'eau miellée; on a soin de ne pas emplir entièrement le fût, afin que l'ébullition produite par la fermentation puisse se faire sans déborder.

On peut mélanger plusieurs sortes de fruits, la boisson n'en sera que meilleure.

L'hydromel ainsi obtenu est très bon, surtout quand on le soutire après l'hiver. Il acquiert de la qualité en vieillissant.

Fruits confits au moyen du miel.

Poires confites (*Recette Lahn*).

On pèle finement les poires, on les coupe en deux ou on les laisse entières, suivant leur grosseur, et on les fait bouillir une fois à l'eau afin de les amollir un peu ; on les étend ensuite sur un linge jusqu'à ce qu'elles aient complètement séché. On fait chauffer du miel jusqu'à ébullition dans un vase de terre que l'on recouvre ensuite d'un linge mouillé et on le laisse refroidir ainsi ; puis, on met les poires dans un bocal, on verse le miel par-dessus et on les fait bouillir de nouveau dans une casserole remplie d'eau (comme au bain marie. N. D. T.) Si on n'a pas de bocal fermant hermétiquement on recouvre l'ouverture du bocal après refroidissement avec du papier trempé dans du rhum et on attache par-dessus une vessie de porc. Les poires se conservent ainsi pendant des années entières. Si on a sous la main du vinaigre de miel, il est bon d'en mettre deux grandes cuillerées par litre de miel.

Marrons au Miel.

Faites cuire à l'eau de bons marrons. Pelez-les pour les débarrasser de leur double écorce en ayant soin de les conserver entiers. Roulez-les dans du miel, que que vous aurez fait fondre à feu doux.

Vous obtiendrez ainsi un dessert capable de rivaliser avec les plus fins marrons glacés, quoique à meilleur compte. — Arrosé de quelques doigts d'hydromel, il fera les hautes délices des disciples de Saint-Valentin.   (*Auxiliaire.*)

Préparation du sirop de miel pour la fabrication de liqueurs.

On dilue le miel avec à peu près la moitié de son poids d'eau ; après cuisson on le clarifie à la pâte de papier et pour le décolorer autant que possible on le filtre sur du charbon animal fraîchement préparé.

Liqueurs.

Pour préparer les liqueurs, on commence par faire les alcoolats respectifs (macération de 8 à 10 jours) auxquels on ajoute le sirop de miel, généralement dans la proportion suivante : Alcoolat 1000, Sirop de miel 1500.

On laisse reposer le mélange quelques jours, après quoi on le filtre. Si la liqueur ne devait pas être tout à fait claire, on fait bien de la filtrer sur de la magnésie carbonatée.

Formules :

Crème de café.

Café torréfié, 1re qualité . . .	300
Alcool à 90°	1200
Eau.	800
Sirop de miel, qualité supérieure.	

Crème de noyaux.

Noyaux de pêche n° 120.	
Alcool	1000
Eau.	800
Sirop de miel, qualité supérieure.	

Anisette.

Essence d'anisette	5 gr.
Alcool	1000
Eau.	600
Sirop de miel, qualité supérieure.	

Crème de vanille.

Vanille 1re qualité	12 gr.
Vanilline	0,50
Alcool à 90°	920
Eau.	760
Sirop de miel, qualité supérieure.	

Crème de thé.

Thé vert	30
Alcool	960
Eau.	480
Sirop de miel, qualité supérieure.	

Crème de cacao.

Extrait de cacao (à avoir en droguerie ou en pharmacie) pour 2 litres.	
Alcool	800
Eau.	533
Sirop de miel, qualité supérieure.	

NEUVIÈME PARTIE

CALENDRIER FLORAL

Février.

Le noisetier, *corylus avellana*. Le cornouiller, *cornus mascula*. L'aune, *alnus glutinosa*. L'amandier, *amygdalus communis*. Le mouron des oiseaux, *stellaria media*.

Mars.

Le peuplier italien ou pyramidal, *populus fastigiata*. Le peuplier noir, *p. nigra*. Le peuplier blanc, *p. alba*. Le tremble, *p. tremula*. L'orme, *ulmus campestris*. Le saule marceau, *salix caprea*. Le saule fragile, *salix fragilis*. L'osier blanc, *s. viminalis*. Le mélèze, *larix europœa*. Le groseillier, *ribes grossularia*. Le cognassier du Japon, *cydonia japonica*. Le pissenlit, *taraxacum officinale*. Le tussilage ou pas-d'âne, *tussilago farfara*. Le perce-neige, *galanthus nivalis*. Le bois-gentil, *daphne mezereum*.

Avril

Le bouleau, *betula alba*. L'érable, *acer pseudoplatanus*. Le frêne élevé, *fraxinus excelsior*. Le cerisier, *prunus cerasus*. L'abricotier, *prunus armenica*. Le pêcher, *prunus persica*. Le prunier, *prunus insititia (prunus domestica)*. Le prunellier, *prunus spinosa*. Le pommier, *pyrus malus*. Le coignassier, *pyrus cydonia*. Le colza, *Brassica campestris*. Populage, *Caltha palustris*. Le genévrier, *juniperus communis*. La myrtille ou airelle, *vaccinium myrtillus*. La pervenche, *vinca major*. La primevère, *primula veris*.

Mai.

Le sapin, *pinus picca*. Le pin, *p. abies; p. sylvestris*. Le chêne à fleurs et fruits pédonculés, *quercus pedunculata*. Le chêne à fleurs et fruits sessiles, *q. sessiliflora*. Le marronnier d'Inde, *Aesculus hippocastanum*. La ronce, *Rubus fraticosus*. Le framboisier, *R. idaeus*. L'épine-vinette, *Berberis vulgaris*. Le troëne, *Ligustrum vulgare*. La jusquiame, *Hyosciamus niger*. Le coquelicot, *Papaver rhœas*. Le bluet, *Centaurea cyanus*. La gaude ou réséda à jaunir, *R. luteola*. La sauge des prés, *Salvia pratensis*. La sauge des jardins, *S. officinalis*. Le thym commun, *thymus vulgaris*. Le trèfle incarnat, *Trifolium incarnatum*. Le sainfoin ou esparcette, *Onobrychis sativa*.

Juin.

Le tilleul de Hollande, *tilia grandifolia*. Le tilleul commun, *tilia parvifolia; argentea*. L'acacia vulgaire, *Robinia pseudacacia*. La molène, *verbascum thapsus*. Le radis cultivé, *Raphanus sativus*. Le radis sauvage, *R. raphanistrum*. La moutarde des champs, *sinapis arvensis*. La moutarde blanche, *s. alba*. La fève de cheval, *vicia faba*. Le pois, *Pisum sativum*. La bourrache, *Borago officinalis*. La vipérine, *Echium vulgare*. Le concombre, *Cucumis sativus*. La citrouille, *Cucurbita pepo*. Le sedum brûlant, *sedum acre*. Le poreau, *Allium porrum*. La civette, *A. chœnoprasum*. L'oignon, *A. cepa; A. fistulosum*. Le pavot des jardins, *papaver somniferum*. Le geranium des prés, *geranium pratense*. Le lychnis des prés, *Lychnis flos cuculi*. La carotte, *Daucus carota*. Le trèfle rampant, *Trifolium repens*. Le pied d'alouette, *Delphinium consolida*.

Juillet. — Août.

Le châtaignier, *Fagus Castanea*. La simphorine, *Simphoricarpus racemosa*. Le lyciet de Barbarie, *Lycium barbarum*. La chicorée sauvage, *Cichorium Intybus*. La douce-amère, *Solanum Dulcamara*. Le tabac, *Nicotiana rustica*. Le réséda, *Reseda odorata*. Le fenouil, *Anethum Fœniculum*. L'anis, *Pimpinella Anisum*. La mauve à feuilles rondes, *Malva rotundifolia*. Le serpolet, *Thimus Serpyllum*. La mélisse, *Melissa officinalis*. L'hysope, *Hissopus officinalis*. Le sarrasin ou blé noir, *Polygonum fagopyrum*. La luzerne, *Medicago sativa*. Le mélilot blanc, *Melilotus alba*. Le mélilot officinal, *M. officinalis; Ornithopus sativus*. Le plantain moyen, *Plantago media*. Le tournesol, *Helanthus annuus*. La bruyère, *Erica vulgaris*.

Septembre.

Le colchique, *Colchicum autumnale*.

TABLE DES MATIÈRES

TROISIÈME PARTIE

Maladies des abeilles.

QUATRIÈME PARTIE

Ennemis des abeilles.

CINQUIÈME PARTIE

Instructions spéciales.

SIXIÈME PARTIE

Différents systèmes de ruches, de ruchers et d'enfumoirs.

SEPTIÈME PARTIE

Nouvelle méthode d'analyse des miels

HUITIÈME PARTIE

Usage du miel.

NEUVIÈME PARTIE

Calendrier floral

PRIX-COURANT

DE

Mme Ve EBERHARDT

Place Gutenberg, Strasbourg.

	M. Pf.
Guide théorique et pratique de la culture rationnelle et productive des abeilles, par Ch Zwilling (5e édition)	1.20
Magasins . . . . de 1.40 à	3.20
Seul dépôt des rayons artificiels, en cire pure garantie, de Berta à Fulda (grande médaille d'argent à l'exposition de Strasbourg en 1890). . le kg	4.50
par 3 kg » »	4.20
Dépôt de la presse Rietsche pour faire des rayons artificiels (toutes les mesures en magasin) mesure alsacienne 24×30 cm	18.40
Extracteurs perfectionnés de 2 à 4 cadres (voir catalogue).	
Zinc perforé en toute grandeur le mètre □	8.—
Bourdonnières . . . . 1.20 et	3.20
Cages à reines, système Hannemann et autres . . . . 0.30, 0.50 et	0.60
Herses à désoperculer.	0.60
Couteaux . . . . 1.—, 1.20 et	1.40
Tenailles . . . . 1.20 et	1.40
Augettes émaillées à coller les rayons . .	0.80
Pulvérisateurs	0.72
Smokers de tous les systèmes . 2.40 et	4.—
Masque en fil de fer bleui	1.—
Voile en tulle noir	1.—
» » » vert	1.40

	M. P
Gants d'apiculteur . . . . . . 2.20 et	3.—
Pipes, grand choix de tous les systèmes, de 1.80, 2.—, 2.20 et	2.40
Fermetures, système Kræmer et de Dietrich	0.24
Crochets pour le nettoyage	0.80
Nouvelle pointe d'écartement, sans tête les 100 pièces	0.12
le kg	1.—
Naphtaline en forme de bougie, le kg . .	1.—
Tabac pour apiculteur, sans nicotine, la livre	1.—
Éperon Woiblet, fabrication soignée . .	2.40
Sections américaines	0.10
Enfumoir Dietrich-Esslingen	2.—
Fil de fer étamé (spécialité), le kg . . .	2.80
Fondeur de cire, système Dietrich . . .	11.20

Ruches pour abeilles de tous les systèmes, aux prix modérés (fabrication soignée), Pots à miel de toute grandeur avec et sans charnières, ainsi que tous les autres articles d'apiculture tels que nourrisseurs à 0.48, 1.20 et 1.40, &c. fourches à rayons, réservoirs à désoperculer, etc.

Pour toute commande indiquer le bureau de poste et la station de chemin de fer.

La maison envoie sur demande son catalogue illustré gratis et franco.

ABEILLES ITALIENNES, RACE PURE

chez E. CERESA à BELLINZONA (Suisse).

Prix Courant

		Avril	Mai	Juin	Juillet	Août	Sept.	Oct.
Mère	fr.	8.—	7.—	6.—	5.50	4.50	4.—	3.50
Essaim ½ kilo	»	16.—	15.—	13.—	12.—	9.—	8.—	6.—
» 1 »	»	22.—	21.—	19.—	18.—	16.—	11.—	9.—
» 1½ »	»	—.—	—.—	—.—	20.—	18.—	12.—	10.—

Conditions. Frais de transport à la charge du destinataire. — Une mère morte en voyage et renvoyée de suite, est remplacée sans délai par une autre gratis. — Paiement contre remboursement. — Pour de grandes commandes, escompte de 10 %. — Indiquer exactement l'adresse.

En vente à l'épicerie

Emile DUCK

Mulhouse (Alsace), rue de l'Arsenal 3

3 Médailles de 1re classe
Hors concours pour l'apiculture moderne.

Rayons gaufrés en cire pure, le kg 5 fr.

Ruches en bois raboté et huilé, 12 cadres et porte vitrée, doublé et bourré, système hors concours 9 fr., Ruches doubles et d'observations sur commande, Hausses pareilles, 11 demi-cadres

4 fr., Extracteurs Burghardt pour 2 et 4 cadres, Voiles en tulle noir fort, Gants en peau de chamois, Pipes en bruyère pour fumeurs et non-fumeues, Nourrisseurs en verre et en fer-blanc, Couteaux fins et Herses à désoperculer, Tenailles incassables, Crochets pour nettoyer, Pulvérisateurs, Augettes émaillées, Cages à reines, Brosses en crin, Tôle perforée, Portes de séparation, Bourdonnières, Manuels Zwilling et Bastian.

Rabais pour quantité et revendeurs.

Je suis toujours acheteur de débris de bâtisses et de cire pure fondue.

Prix-Courant des articles d'apiculture

DE

L. PARRANG

PRÉSIDENT DE SECTION

...ring-près Sarreguemines (Lorraine).

[...] et syriens, de 16 à 20 *M.*
[...] fécondées, italiennes et sy-
[...] 5 *M.*
[...] officiels d'Otto Schulz et Berta à
[...] à 2 kil. 8.60 *M.*, à 3 kil. 12.60 *M.*
[...]

4. Extracteurs Dietrich, très bons et solides,
   depuis 20 à 50 *M.* Prix-courant illustré
   franco et gratis.
5. Récipients pour miel pour 10, 20, 30, 50 et
   100 livres.
6. Cérificateur Dietrich à vapeur 11 *M.*
7. Plat à désoperculer, 2 et 4 *M.*
8. Zinc perforé de toute grandeur à 1 m □ 6 *M.*
9. Grillage encadré avec glissoire et canal, 1 *M.*
10. Tenailles, 1.80, 1.50 et 2 *M.*
11. Pince pour retirer les cadres, 1 *M.*
12. Pulvérisateurs, 0.60 et 1 *M.*
13. Herses à désoperculer, 0.60 *M.*
14. Couteaux à désoperculer à 1.20, 1.50 et 2 *M.*
15. Pipe patentée pour non-fumeurs, 2 *M.*
16. Pipes pour fumeurs à 1.60 et 1.80 *M.*
17. Pipes pour non-fumeurs, 1.20, 1.80, 2 et
    2.40 *M.*
18. Smokers à 2.80 et 3.80 *M.* (beaux et bons).
19. Voiles à 1, 1.20 et 1.40 *M.*
20. Gants d'apiculteur, 2.50 et 3 *M.*
21. Seringues à essaims, 3, 6 et 7.50 *M.*

22. Moule à cadres et à couper les lattes, 3 *M.*
23. Lattes à cadres, très fines et exactes, 100
    mètres, 4 *M.*
24. Nouvelles et anciennes pointes d'écartement,
    ½ kg 0.60 *M.*
25. Éperons Woiblet, 2.20 et 2.40 *M.*
26. Fil de fer étamé (spécialité) à kg 2.80 *M.*
27. Naphtaline à kg 1.20 *M.*
28. Tabac pour apiculteur, la livre 0.80 *M.*
29. Bourdonnières, 1.20 et 2 *M.*
30. Nourrisseurs et abreuvoirs à 0.50, 0.80, 1 et
    1.20 *M.*
31. Cages à reine et couvre-cellule, 0.30, 0.40
    et 0.50 *M.*
32. Attrape-reines à 0.60 *M.*
33. Appareils à coller les rayons, 0.30 et 2 *M.*
34. Crochets à nettoyer, 0.25 et 0.80 *M.*
35. Fermoirs de guichets, 0.25, 0.30, 0.40 et
    0.60 *M.*
36. Verres à miel, prix suivant grandeur.
37. Brosses à balayer les abeilles, 0.60 *M.*
38. Manuel Bastian, 0.60 *M.*
39. Guide théorique et pratique (5e édition) par
    Ch. ZWILLING, 1.20 *M.*
40. Le miel et son usage par DENNLER, 0.08 *M.*
41. Passoires à miel à 1.20, 1.50, 2 et 3 *M.*
42. Enfumoir Dietrich-Esslingen, 2 *M.*

Médailles d'argent de 1re classe, Colmar 1885. —
Strasbourg [...]. — Paris 1887. — Bruxelles
[...]. — Bon[...] 188[...]

PRIX-COURANT

M. A. HO[...], Mécanicien

[...]bourg (Alsace)

N°		M.	Pf.
	[...] engrenage vertical [...] construit ou bien avec [...] en caoutchouc [...] nouveaux mo-[...] de l'Alsace-	36	—
2.	Le [...]	28	—
3.	Pinces à rayons à doubles charnières en acier	1	20
4.	Couteaux à désoperculer (doubles tranchants)	1	20
5.	Couteaux à désoperculer, d'une façon plus grande	1	60
6.	Zinc perforé, le mètre carré	6	—
7.	Guide théorique et pratique, 5e édition, par CH. ZWILLING	1	20

Tous les autres articles d'apiculture sont fournis
au prix de fabrique. — Entreprises de réparations
des horloges avec garantie.

On trouve chez M. LÉON MONCEL, marchand
de fers à Château-Salins, à des prix modérés,
tous les **articles d'apiculture** et le Guide
théorique et pratique de M. Zwilling.

[...]OURG, IMPRIMERIE ALSACIENNE anc* G. FISCHBACH, [...]